模型でわかる建築構造のしくみ

歴史的木造建築から月面構造物まで、未来をひらく構造デザインの世界
Understanding Architectural Structures through Models

WHAT MUSEUM 建築倉庫
誠文堂新光社

「感覚する構造 − 力の流れをデザインする建築構造の世界 −」(WHAT MUSEUM、2023-2024)

「感覚する構造－法隆寺から宇宙まで－」(WHAT MUSEUM、2024)

はじめに

近藤以久恵（WHAT MUSEUM 建築倉庫ディレクター）

感性を育む建築模型

建築模型には、さまざまな役割がある。

建築家や設計者が、設計の検討プロセスで試行しながら制作するスタディ模型、施主にこれから実現する建築を共有する為のプレゼンテーション模型、建築の理念や概念を抽出したコンセプト模型など、目的、スケール（縮尺）、そして表現手法は多様である。

近年では、CG・VR・ARをはじめとしたデジタルツールの発展に伴い、設計や検討のプロセス、そしてプレゼンテーションや施工に至るまで、それらが活用され可能性が拡張している。一方で、実空間で実際に模型をつくって確かめるという行為や、模型を介してコミュニケーションをとるという役割など、模型のもつ価値は依然大きいと考える。

たとえば、建築の構造模型は、実験や建築のつくり方を考える上でも重要な手段である。構造を考えることとは、すなわち「どうつくるか」というつくり方を考えることでもあり、実際に模型をつくって確かめることの重要性について、構造を設計する現役の構造設計者たちも証言している。また、構造部材のプロポーションや構造全体のバランス、力の流れを感覚的に捉え、確認できる点も模型ならではの特徴である。

さらに、模型には感覚的に訴えかける魅力がある。建築を専門としない人々や子どもも、模型を見たり触れたりすると身体的な反応が生まれ、建築への想像を膨らませる契機となる。

ゆえに我々 WHAT MUSEUM 建築倉庫では、建築の専門家はもちろん、専門としない方々とも建築文化を共有し、感性を育む視点を大切に、模型を用いた展覧会やワークショップなどを企画・実施している。

本書は、当館で企画・開催した「感覚する構造−法隆寺から宇宙まで−」(2024)の展示内容を中心に、「感覚する構造−力の流れをデザインする建築構造の世界−」(2023-2024)、「構造展−構造家のデザインと思考−」(2019)という、構造に関連する三つの展覧会の内容を軸に構成したものである。各展覧会で展示された構造模型を写真とともに解説し、構造デザインの世界の魅力を広く一般にも伝えることを目的としたものである。

構造デザインの可能性

建築を専門とされない方々には、「構造」という分野はあまり馴染みのないものかもしれない。

構造とは、建築の骨組みにあたるものである。私たちは、地球上で重力のはたらく世界に生きている。建築にも重力をはじめ、風力、地震力といった力が及ぶ。そうした力に対して、安全に建築が自立して存在し続けるために、建築の骨格となる構造が存在するのだ。古代から現代まで変わらず、人類はこれらの力がはたらく空間において、建築を創造し続けている。デジタル社会が進展する今日においても、依然として人間は身体を伴った存在であり、この力学空間に根ざした感性を我々は宿している。だからこそ、構造とはフィジカルな建築における本質のひとつであり、今日改めて建築を考えるにあたり、構造と、力の流れとかたちをデザインする構造デザインについて取り上げたい。

　そして本書では、感覚的に捉えることのできる構造模型を用いて、構造の世界を共有したい。

本書の構成は大きく三つの章からなる。

　序章では、構造分野の基本事項を紹介する。続く「Chapter 1 木造の可能性 法隆寺から未来へ」では、構造を木材でつくる木造をテーマとする。近年、地球環境の観点から、特に欧州を中心に世界で関心が高まっている木造建築であるが、日本は古くから木とともに文化を築いてきた歴史があり、日本の伝統建築の多くは木造である。本章では、伝統的な木造建築から近代以降の工学的な技術を用いた木造建築までを取り上げながら、今後、どのような木造建築をデザインしていくのか、未来に向かってそのあり方を考察する。

　「Chapter 2 構造デザインの展開」では、構造をデザインする構造家の存在と、構造デザインという創造行為の可能性を紹介する。建築における構造という学問分野が明確に確立したのは、日本では近代以降である。関東大震災を契機にその重要性が提唱されて以降、特に日本では構造分野が発展し、構造をデザインする構造家が育まれ、今日の現代建築を支えている。構造家は、建築家と協働をしながら、構造を提案し、時として、構造の合理性を譲歩しつつ建築としていかにあるべきかを考える。単に構造の計算をするだけではなく、そこには構造家の感性が深く関わっている。そうした思考や感性が次世代へと受け継がれ、構造家という職能が築かれてきたのである。力学をはじめとした自然科学と向き合いながら、技術を用い、建築の美しさや芸術性に寄与する構造デザインは、他領域にも展開し得るものである。

　古代から現代までの建築を、構造という視点で一同に俯瞰することができるのも模型の醍醐味である。本書とそこで紹介された模型、そして構造家たちのあゆみを通じて、構造デザインという創造行為の可能性を体感いただきたい。

目次

はじめに

序論｜構造を感覚的に理解するための「構造模型」　文：腰原幹雄　　10

構造力学の基本　　13

建築の基本構造─力の流れとかたち　　16

Chapter 1　木造の可能性　法隆寺から未来へ　　22

1-1　部材断面にみる伝統木造　　24

法隆寺 五重塔（国宝）　　26

薬師寺 西塔／東塔（国宝）　　30

正倉院 正倉（国宝）　　32

東大寺 大仏殿（国宝）／南大門（国宝）　　34

松本城 天守（国宝）　　38

錦帯橋　　40

会津さざえ堂　　42

白川郷合掌造り民家・旧田島家　　44

1-2　工学的アプローチによる木造　　46

旧峯山海軍航空基地格納庫　　48

八幡浜市立日土小学校　　52

小国ドーム　　54

海の博物館 展示棟　　56

長野市オリンピック記念アリーナ（エムウェーブ）　　58

東京大学弥生講堂 アネックス　　60

梼原 木橋ミュージアム 雲の上のギャラリー　　62

クラサス武道スポーツセンター（大分県立武道スポーツセンター）　　64

堅の家　　66

ストローグ社屋　　68

1-3　これからの木造建築の可能性　　70

大船渡消防署住田分署　　72

The Naoshima Plan「住」　　74

エバーフィールド木材加工場　　76

小豆島 The GATE LOUNGE　　80

大阪・関西万博 大屋根リング　　82

Port Plus® 大林組横浜研修所　　86

寄稿｜建築素材としての竹の可能性　　文：陶器浩一　　88

寄稿｜木造建築の普及と現在　　文：腰原幹雄　　92

47都道府県 木造建築MAP　　96

Chapter 2　構造デザインの展開 　　102

建築家と構造家の協働　自由で自然な構造の探究　　104
インタビュー：佐々木睦朗

構造設計者系譜図　　112

構造家の言葉と略歴　　114

次世代を担う構造家たち　　120

寄稿｜構造デザインの他領域への展開　文：鳴川肇　　124

建築の構造設計がひらく、宇宙の構造物の可能性　　128
インタビュー：佐藤淳

巻末資料　　137

掲載資料索引　　138

著者・執筆者略歴　　140

あとがき　　141

凡例

- 本書は、「感覚する構造−力の流れをデザインする建築構造の世界−」(WHAT MUSEUM、2023−2024)、
「感覚する構造−法隆寺から宇宙まで−」(WHAT MUSEUM、2024)、
「構造展−構造家のデザインと思考−」(建築倉庫ミュージアム、2019) の展示資料をもとに、
一部内容を変更し構成した。

- 模型の解説に付したデータは「①模型名 (施設名) ／②竣工年 (建立年) ／③地域 (所在地) ／
④建築設計者名／⑤構造設計者名／⑥模型縮尺／⑦模型制作者名 (制作年) ／⑧模型所蔵者名」
の順で記載した。

- データや建立年・竣工年は各施設、建築設計者、構造設計者などの提供情報に準ずる。
その他の内容は以下の主要参考文献・データベースを参照した。
  ・日本建築構造技術者協会編『日本の構造技術を変えた100選』彰国社、2003年
  ・日本建築学会『日本建築史図集　新訂第3版』彰国社、2019年
  ・川口衞、阿部優『建築構造のしくみ　力の流れとかたち』彰国社、1990年
  ・川口衞『構造と感性　構造デザインの原理と手法』鹿島出版会、2017年
  ・海野聡『森と木と建築の日本史』岩波新書、2022年
  ・坪井善昭、川口衞、佐々木睦朗、大崎純、植木隆司、竹内徹、河端昌也、川口健一、金箱温春
  『力学・素材・構造デザイン』建築技術、2012年
  ・文化庁「文化遺産オンライン」https://bunka.nii.ac.jp/
  ・文化庁「国指定文化財等データベース」https://kunishitei.bunka.go.jp/bsys/index

| 序論 | # 構造を感覚的に理解するための「構造模型」 |

文：腰原幹雄

建築における「構造」

「構造」という言葉の意味は、辞書によると「いくつかの材料を組み合わせてこしらえられたもの。また、その仕組み。くみたて」とある。建築分野では建築設計の中に「意匠」「構造」「設備」があるが、「構造」というと構造解析、構造計算といった式や数値で扱われる専門分野と思われがちである。多くの建築学生にも、「構造」は数学が得意な人が進む分野と捉えられているところがあるだろう。

しかし、本来の意味の「構造」の視点に立てば、構造設計は建築を構成する各部材の役割を明確にして、力の種類に応じて材料を選択し、力の大きさに応じて断面寸法を決定しながら、どのようにして建築物を構成するかということになる。最終的な断面寸法の決定には構造計算が必要になるが、力の流れ方を理解するには、細かい計算をしなくても身体的なバランス感覚で概要をつかむことができる。これが構造計画であり構造家はスケッチなどでこれを繰り返しイメージする。

構造模型の役割

この感覚をさらに明確にして構造設計の手助けとなるのが構造図であり構造模型である。特に構造模型は、部材の構成、断面寸法の適切さを視覚的に捉えることができるとともに、実際に手で力を加えることによって変形の仕方も理解することができ、構造計算ができない人とも感覚を共有することが可能となる。建物自体の重量や、その中にある人や物に働く重力、さらには風や地震、温度といった普段は見えない外力に対しても設計をしなければいけないところは、感覚的には理解しにくい。しかし、構造模型によって、理論だけではなく感覚でも構造を捉えられるのである。

構造模型は、構造部材のみで仕上げ材などを表現しない分、力の流れ方がそのまま見えることになる。構造デザインはこうした架構美が注目されることが多いが、本来は、仕上げ材に覆われて見えなくなるか、見えるかということに関係なく、必要最低限の洗練された部材で構成することが重要である。構造模型のもうひとつの大きな役割は、制作中に建物の建て方を検討することができることである。部材を組み立てるにあたって仮設材が必要か、柱などの位置や角度修正できるのはどの段階か、建物の形状が固まるのはどの段階かなどを、実物で捉えることができるのである。

構造設計において、数値だけではなく、構造を感覚的に理解するスケッチや模型が果たす役割はまだまだ大きく、今後も変わらないだろう。

構造計画のプロセスにおけるスケッチや構造模型
―― 構造設計集団〈SDG〉／渡辺邦夫による「東京国際フォーラム」のスケッチと模型

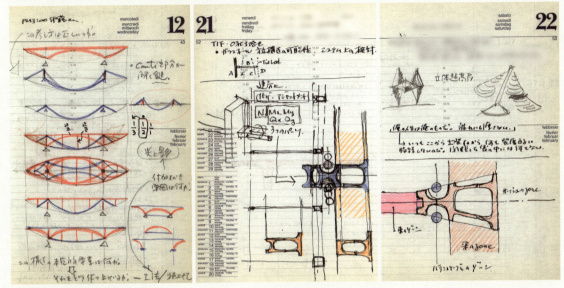

① 構造家・渡辺邦夫の構造スケッチ
建物全体の力の流れから、ディテールまでスケッチで検討が重ねられる。

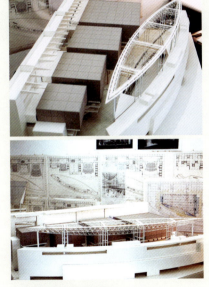

② 検討段階の構造模型
実際に採用された構造に至る前の、
別の案での検討模型。4箇所のフレーム柱と
両端の2本の柱で支える案となっている。

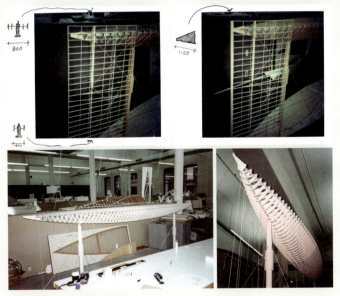

③ ディテールを検証する模型
(上段) ガラスを支えるフレームのディテールを模型で確認する。
(下段) 2本の柱で支える最終案の構造模型と、制作中の構造事務所の様子。

構造計画のプロセスにおけるスケッチや構造模型
——構造設計集団〈SDG〉／渡辺邦夫による「東京国際フォーラム」のスケッチと模型

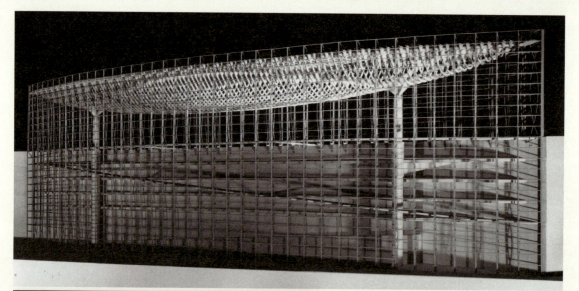

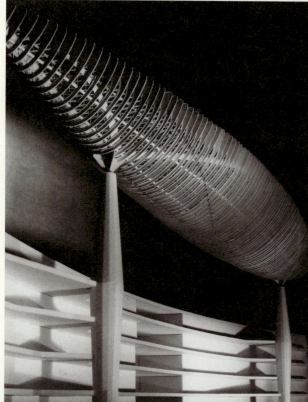

東京国際フォーラム
竣工年：1996年
地域：東京都
建築設計：ラファエル・ヴィニオリ
構造設計：渡辺邦夫（構造設計集団〈SDG〉）

④ 最終案の全体構造模型

⑤ 完成した建築の内部

構造力学の基本

構造設計の現場では、構造家たちが、建物にはたらく目には見えない荷重や力のながれといった「構造力学」の知識をもとに、柱や梁といった構造部材の配置や素材を検討していく。
ここでは、建物を構成する主要な構造部や、基本的な構造力学の専門用語を解説する。
各模型の解説ページを読み進めるにあたっての参考としてもらいたい。
（解説：田村尚土）

梁：水平方向の部材
柱：鉛直方向の部材

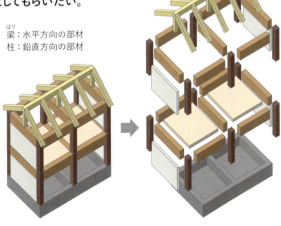

主要な構造部

建物を構成する主要な構造部には、**柱、梁、壁、床、基礎**などがある。
各部にはそれぞれ**外部から加えられる力＝荷重**に対する役割がある。

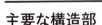

■＝基礎　■＝床　■＝壁　■＝梁　■＝柱　■＝屋根

建物にはたらく荷重

建物にはさまざまな荷重が作用し、代表的な荷重には固定、積載、積雪、地震、風などがある。

固定荷重
建物の各部自体の重量で、自重（じじゅう）とも呼ばれ、地球の重力により常に荷重が生じている。

積載荷重
人や物など積載物によって作用する荷重で、時間的・空間的に荷重は変動する。

積雪荷重
積雪により建物に作用する荷重で、積雪量が大きくなるほど積雪荷重は大きくなる。

地震力
地震によって作用する荷重で、震度が大きくなるほど地震力は大きくなる。

風圧力
風が建物に与える圧力による荷重で、風速が大きくなるほど風圧力は大きくなる。

力のかかる方向

荷重の作用する方向は、鉛直と水平の2種類ある。

鉛直力
鉛直方向（上下方向）に働く力。固定荷重や積載荷重、積雪荷重は鉛直力に分類される。

水平力
水平方向（横方向）に働く力。地震力や風圧力は水平力に分類される。
その他、土中に発生する土圧（どあつ）もこちらに含まれる。

力のかかる時間

荷重が作用している時間はそれぞれ異なっており、大きくわけて長期と短期の2種類ある。

長期
作用時間の長い荷重であり、固定荷重、積載荷重、多雪地域における積雪荷重は長期荷重として分類される。

短期
作用時間の短い荷重であり、地震力や風圧力、積雪は短期荷重として分類される。

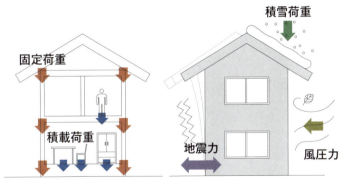

部材断面にはたらく力

建物に対する荷重により、部材には力が発生し、
部材断面には軸力、曲げモーメント、せん断力の3種類の力がはたらく。
また、物体が力を受けた時に外力に応じて変形に抵抗しようとする力を応力と呼ぶ。

P ＝作用する力　　　┈┈┈＝力を加える前の形
M ＝作用するモーメント　■＝力によって変形した形

力を体感する模型

力がかかっていない柔らかい素材の模型

軸力
部材の軸方向に作用する力のことで、引張力（ひっぱりりょく）と圧縮力がある。
引張力は部材を引き伸ばそうとしたときに生じる応力（正／プラス）で、
圧縮力は部材を押しつぶそうとしたときに生じる応力（負／マイナス）のことを指す。

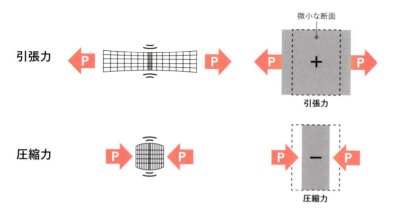

圧縮（座屈）
模型の上下から圧縮力を加えた柔らかい模型。中心の方に行くほどマス目が変形する。

曲げモーメント
部材を湾曲させようとする力で、部材断面に均等に生じず、
凹状に変形させた場合、上側に圧縮力が、下側に引張力が生じる。

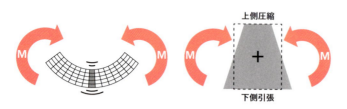

曲げ
柔らかい模型では、上側にかかった圧縮力で形が変形し、模型に座屈が生じる。

せん断力
部材を軸方向・直交方向にずらす力のことで、部材は平行四辺形のように変形する。

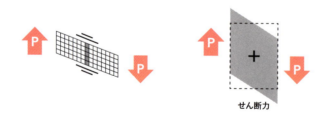

せん断
せん断力によって、長方形だったマス目が平行四辺形に変形する。

部材の接合

部材端部の接合方法には、大きくわけて剛接合とピン接合の2種類がある。

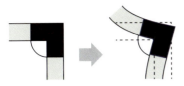

剛接合
部材同士が剛で接合（一体化）されていること。
軸力、曲げ、せん断力を伝える。

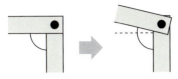

ピン接合
部材同士が回転自由なピンで接合されていること。
軸力とせん断のみを伝える。

支えかた

部材や骨組の支持方法には固定支持、ピン支持、ローラー支持の3種類がある。

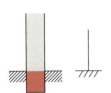

固定支持
水平・垂直方向への移動および
回転を固定する支点。

ピン支持
水平・垂直方向への移動を
固定し、回転が可能な支点。

ローラー支持
垂直方向への移動を固定し、
水平方向への移動および回転が可能な支点。

材料

建物の構造材料には、木材、コンクリート、鋼材がよく利用されるが、
これらの材料には**剛性**と**強度**という性質がある。

剛性：力に対する部材の変形しにくさの度合い　　**強度**：力に対する部材の抵抗する力の最大値

主な材料の特徴

木材　　樹皮、木部、樹心などで構成された樹木を総称した自然材料で、
　　　　　　針葉樹（ヒノキ、マツ、スギなど）と広葉樹（ナラ、ケヤキなど）に大別される。
　　　　　　木材は安価で重量が軽く、その割に強度が高いのが特徴。
　　　　　　短所としては**耐火性や腐朽に対する弱さや、強度のばらつきなどがある。**

　　　　　　また、**断面寸法の小さい木材を接着剤で積層したものは集成材と呼び、**
　　　　　　厚い木の板を直角に何枚も積み重ね、接着加工して作られる**CLT**や、
　　　　　　丸太を薄くスライスし、繊維が平行になるように積み重ねて接着した**LVL**などの
　　　　　　エンジニアウッドとよばれる木材もある。

コンクリート　セメントと水を必要な割合に混ぜ、収縮を抑制するために骨材（こつざい）と練り合わせ固体化させたもの。
　　　　　　圧縮に対して強度が高く、型枠により成形が自由で、耐久・耐火性に優れた材料。
　　　　　　ただし、**重量が大きく、引張強度が小さいため、**
　　　　　　引張力に抵抗する鉄筋と併用して鉄筋コンクリート（RC）として用いられている。

鋼材　　鉄と炭素、あるいはその他の金属との合金である鋼を、圧力をかけて薄く伸ばした材料（圧縮材）。
　　　　　　鋼材は**強度や剛性が高く、粘り強い性質**があり、部材は木材などのように現場での加工はせず、
　　　　　　全て工場で加工、製作される。ただし、鋼材は熱に弱く、さびやすいため被覆や塗装が必要。

建築の基本構造——力の流れとかたち

自立する建造物を成立させるためには、
部材にはたらく目に見えない力とその流れを考慮したかたち＝構造が必要となる。
現在は様々な素材からなる部材や構造の組み合わせにより複雑な構造デザインが実現されているが、
主要なかたちとなる6つの構造について、事例をまじえて紹介していきたい。
（解説：犬飼基史）

＊各構造の事例からは、複数の構造を組み合わせた事例を除き、単一構造の事例のみを取り上げています。

トラス

三角形で構成された、剛強な骨組み

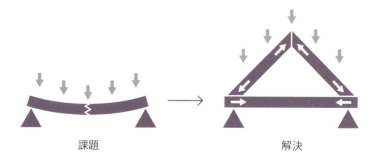

課題　　解決

棒状の部材を三角形に組んだ構造。「割りばしを壊してください」と言われて、押し潰したり、引きちぎろうとしたりする人はまずいない。ほとんどの人が曲げ折ろうとするのは、棒状の材が曲げられる力に対して最も弱いことを感覚的に理解しているからである。

トラス構造は、部材端部の接合をピン接合（部材同士が自由に回転できる接合方法）として三角形に組むことで、曲げる力がかからない仕組みになっていて、剛強で安定している。その三角形状を連結していくことで長い距離を架け渡せるので、橋や体育館、工場の屋根など大規模な架構を構成することができる。

西洋で古くから用いられてきた木造建物の「迫り持ちトラス」（「PICK UP」参照）や、近代以降の鉄道橋や大空間の建築に多く用いられた「梁トラス」において、様々な三角形の組み合わせによるトラス構造が実現された。

迫り持ちトラス

▲＝支点

梁トラス

トラス構造は、全体の形が三角形で、力の原理は迫ち持ち構造（互いに押し合う力で荷重を支える構造）となる「迫り持ちトラス」と、上下の水平材（上・下弦材）とそれ以外の部材（ウェブ材）による三角形で構成した「梁トラス」の2種類に分類できる。

PICK UP　白川郷合掌造り民家・旧田島家 » p.44
迫り持ちトラス構造を利用した合掌造り

迫り持ちトラスは何千年も前から原理を経験的に把握されていた太古のトラス構造である。合掌材と呼ばれる互いに寄りかかる2本の斜め材と、その脚元が開くのを抑えるための陸梁（ろくばり）と呼ばれる水平材によって構成されている。どちらの部材にも軸力（合掌材には圧縮力、陸梁には引張力）が生じることで架構が成立している。

ラーメン

柱と梁を強固に接続した格子フレームによって地震や風にも抵抗

課題 → 解決

ラーメン(Rahmen)とはドイツ語で「枠」という意味。主に地震や風といった横からの力に抵抗するための構造のひとつである。骨組みに横から力が加わった時に、柱と梁を簡易につなげるだけ(ピン接合)では不安定だが、接合部を強固に接続する(剛接合)ことで部材同士がしっかり固定され、部材がしなって変形しながら安定性を確保する。厳密な意味でのラーメン構造は、完全な剛接合が可能となる鉄やコンクリートといった材料が登場した近代以降に限られるが、日本では伝統的な木造建築の構造においてもラーメン効果を得られる架構が採用されてきた。

本書に出てくる「ラーメン構造」を使った建物

大阪・関西万博 大屋根リング　» p.82

PICK UP　浄土寺 浄土堂（国宝）
地震の力をしなやかに受け流す「貫構法」によるラーメン構造

浄土寺 浄土堂の構造では、柱(縦の材)に貫(横の材)を貫通させた後、楔(くさび)によって両者がしっかりと留め付けられている。柱と貫が一体化することで、地震や風などの建物に横からはたらく力に対して安定性を高め、力をしなやかに受け流せる。

　貫構造は、大量の材を費やさずに堅固な架構をつくりだす創意工夫として、鎌倉時代に取り入れられはじめた。架構の合理化が図られたことで、構造部材の美しさと開放的な空間が創出され、粘り強く強固な構造となっている。

建立年：1192年
地域：兵庫県
建築設計：俊乗房重源
模型縮尺：1/50
模型制作：平山貴大(2013年)
模型所蔵：東京大学総合研究博物館

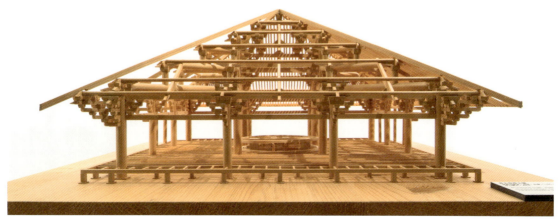

©Kenji Seo

ARCH アーチ

上に凸な曲線形状に沿った
圧縮力で支持

重力によって生じる鉛直力に対して、上に凸な曲線（上向きの弧）の形に沿った圧縮力（押し合う力）で形状を保持する構造。

　ローマ時代に石やレンガを用いた組積造の壁面に開口部（窓や出入口など）をつくる手段として組積アーチが発展した。力が効率よく流れることから大きな空間を覆うことにも応用され、産業革命以後は鉄やコンクリートを用いて、さらに大きな空間を覆うことが可能となった。

CABLE 吊り

屋根や床を吊ることで、
長い距離を引張り力で支持

吊り橋などで古くから利用されてきたように、支点や支柱からチェーンやワイヤーなどのケーブルを用いて屋根や床を吊り下げる構造。

　ケーブルは力が加わると形状が変わり、引っ張る力だけで抵抗する。また、ケーブルは長さが長くなっても強度は変わらないため、強度の高い材料を用いることで小さな断面のケーブルでも、軽量で大きなスパンを実現することができる。

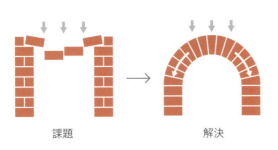

課題　　　　解決

本書に出てくる「アーチ構造」を使った建物

錦帯橋　》p.40

海の博物館 展示棟　》p.56

本書に出てくる「吊り構造」を使った建物

長野市オリンピック記念アリーナ（エムウェーブ）　》p.58

| PICK UP | **国立代々木競技場 第一体育館**
鉄骨を吊り材に用いて実現した美しい曲面 |

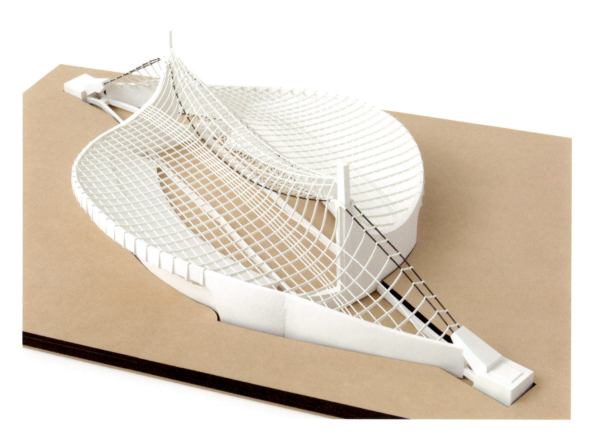

国立代々木競技場 第一体育館は、メインケーブルによって屋根を吊り上げ、2本の支柱を介して基礎へつなぎ、基礎梁同士を突っ張ることで形状を維持している。

また、特徴的な形をした屋根の形状は力学的に純粋な吊り屋根ではなく、連続的に変化する滑らかで「自然な」曲面となっている。曲げ剛性のある鉄骨を吊り材に用いることで、美しい曲面が経済的に実現された事例だ。

竣工年：1964年
地域：東京都

建築設計：丹下健三＋都市・建築設計研究所
構造設計：坪井善勝研究室
模型縮尺：1/300
模型制作：株式会社ラムダデジタルエンジニアリング（2023年）
模型所蔵：建築倉庫

MEMBRANE 膜

空気の圧力・鉄骨やケーブルなどで膜をピンと張ることで空間をつくるダイナミックな方法

軽量で引っ張る力にだけ抵抗できる皮膜を用いて大空間を可能にする構造。空気の圧力で膜を膨張させ屋根形状を維持する空気膜構造のほか、テントのように皮膜を突き上げたり引き下げたりすることで形状を維持するケーブル膜構造や骨組み膜構造とよばれるものがある。

膜素材は極めて軽量なため、スタジアムのような大規模建築から仮設建築まで、広く利用されている。

PICK UP 日本万国博覧会 富士グループパビリオン
ビニロン膜を用いた直径4mのチューブ型空気膜構造

富士グループパビリオンでは、室内外の気圧差を必要としないチューブ型空気膜構造が採用されている。直径4m、長さ一定の16本のアーチ型チューブを、外径50mの円形平面状に並べ、鞍型の立体的な構造システムを構成している。その後の空気膜構造の先駆けとして位置付けられる。

建設年：1970年
地域：大阪府（現存せず）

建築設計：村田豊建築設計事務所
構造設計：川口衞構造設計事務所
模型縮尺：1/200
模型所蔵：川口衞構造設計事務所

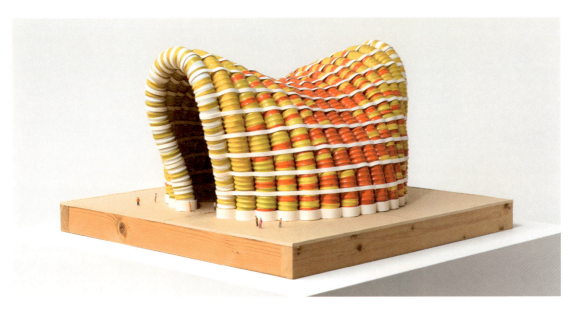

スペースフレーム

棒状の部材を用いて
規則的な幾何学ユニットを繰り返し、
立体的に組んだ構造体

規則的な幾何学ユニットの繰り返しで構成された立体的な骨組み構造。建築現場での作業を単純な組み立て作業だけにすることを目指して考え出された。ほぼ同じ太さと同じ長さの棒状の部材を3次元的に組み合わせて構成することで、工場製品としての標準化と大量生産を可能とする。また、部材断面を小さくすることができ構造体の軽量化につながるため、大空間を覆う構造として用いられる。

PICK UP 日本万国博覧会 お祭り広場大屋根
巨大な平面型ダブルレイヤーのスペースフレーム

お祭り広場大屋根の構造は、棒状の部材を立体的に結合し、骨組全体が規則的な幾何学ユニットの繰返しで構成されている。建築現場での作業を容易な組み立てだけにすることを目指して考え出され、工場生産における標準化、大量生産を可能とするため、ほぼ同じ太さの棒状の部材を用いている。

ジョイントは、鋳鋼によるメカニカルジョイントとなっており、多方向からの部材を容易に結合でき、組み立てる際の隣接接点間の誤差を吸収できるような機構になっている。このシステムを用いることで、永久利用にも数年後の解体にもフレキシブルに対応することが可能となった。

建設年：1970年
地域：大阪府（現存せず）

建築設計：丹下健三+都市・建築設計研究所
構造設計：坪井善勝研究室・川口衞構造設計事務所
模型縮尺：1/200
模型所蔵：川口衞構造設計事務所

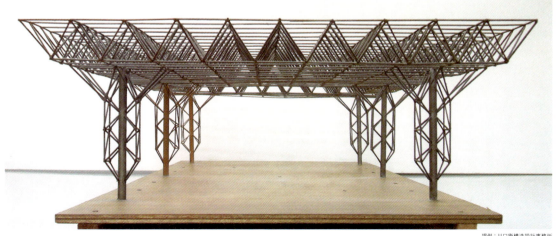

提供：川口衞構造設計事務所

木造の可能性
法隆寺から未来へ

Chapter

1

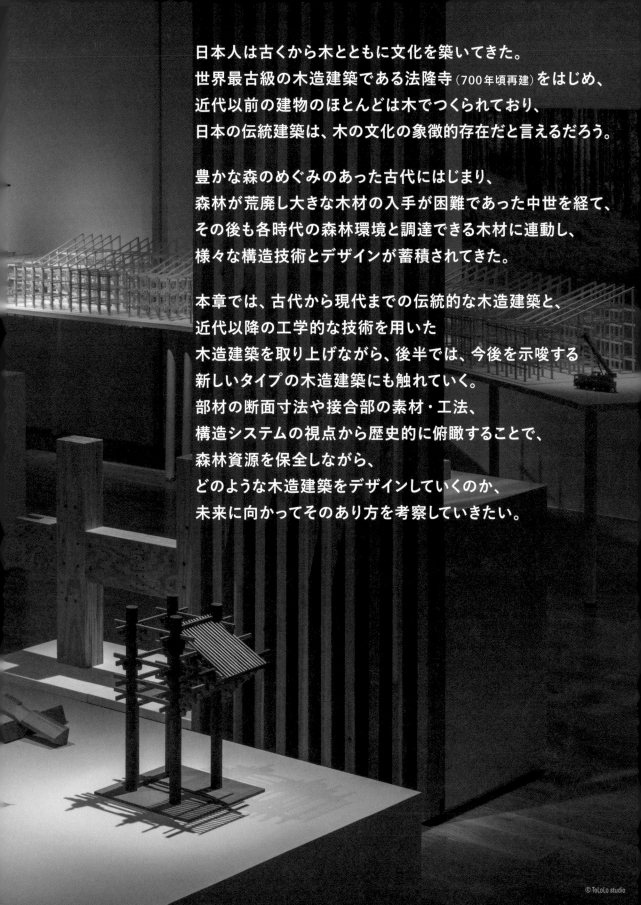

日本人は古くから木とともに文化を築いてきた。
世界最古級の木造建築である法隆寺(700年頃再建)をはじめ、
近代以前の建物のほとんどは木でつくられており、
日本の伝統建築は、木の文化の象徴的存在だと言えるだろう。

豊かな森のめぐみのあった古代にはじまり、
森林が荒廃し大きな木材の入手が困難であった中世を経て、
その後も各時代の森林環境と調達できる木材に連動し、
様々な構造技術とデザインが蓄積されてきた。

本章では、古代から現代までの伝統的な木造建築と、
近代以降の工学的な技術を用いた
木造建築を取り上げながら、後半では、今後を示唆する
新しいタイプの木造建築にも触れていく。
部材の断面寸法や接合部の素材・工法、
構造システムの視点から歴史的に俯瞰することで、
森林資源を保全しながら、
どのような木造建築をデザインしていくのか、
未来に向かってそのあり方を考察していきたい。

© ToLoLo studio

部材断面にみる
伝統木造

法隆寺(p.26)の心柱は直径約88㎝を越え、高さは30ｍにわたる。豊かな森林資源にめぐまれていた古代建築の構造からは、太い木から太い材を得ることが可能であったことが伺える。太い柱は傾斜復元力(p.33参照)と呼ばれる効果により、横からの力に耐えることができた。

やがて中世になると森の枯渇から、木材の資材不足が生じる。東大寺大仏殿(p.34)の再建時、朝廷から寺院の再建や修復、仏像の造立など、寺院の活動を推進する大勧進職に任命された俊乗房重源は、そうした資材不足を受けて貫構造(p.35参照)の構造物を用いた。これは、柱(縦の材)に貫(横の材)を貫通させて両者をしっかりと一体化させることで、地震や風などの建物に横からはたらく力に対して安定性を高めるものだ。大量の材を費やさずに堅固な架構をつくり出す創意工夫は、以降の日本建築に多大な影響を与えるものとなった。

木材の断面寸法や接合方法に注目しながら、伝統木造のあり方をみてみよう。

1-1

法隆寺 五重塔 (国宝)
Hōryūji Temple Five-storied Pagoda (Goju-no-To) [National Treasure]

建立年：700年頃(再建)
地域：奈良県

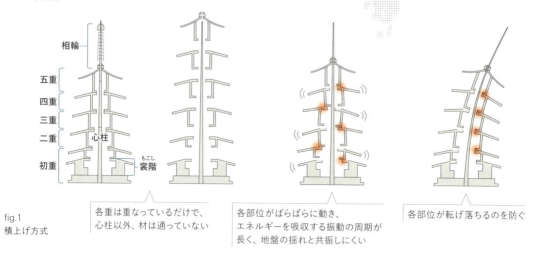

fig.1 積上げ方式

各重は重なっているだけで、心柱以外、材は通っていない

各部位がばらばらに動き、エネルギーを吸収する振動の周期が長く、地盤の揺れと共振しにくい

各部位が転げ落ちるのを防ぐ

最古の木造建築物を支える心柱方式

法隆寺 五重塔は、国宝の金堂と並び現存する最古の木造建築物であり、日本建築史における重要な建物である。災害の多い日本において、「五重塔はこれまで地震で倒壊した記録がない」とされており、その耐震性能は驚異的である。五重塔の耐震技術には様々な工夫があり、それぞれが有効に作用していると考えられている。

たとえば、法隆寺 五重塔では各重ごとに軸部・組物・軒の組み上げを繰り返してつくられる積上げ方式(fig.1)が採用されている。この方式により積み上げられた部材は地震時にばらばらに動き、各部位がエネルギーを分散吸収する仕組みとなっている。また各重の中心を貫く心柱は他の部材から独立した掘立柱形式(fig.2)であり、地震時にこの心柱と周囲の横架材などが衝突して揺れを抑制するという説も、五重塔の耐震性能を支える技術として有力視されている。

太さ約78cm(ここでは八角形の柱の辺に対する直径)もの心柱を、他の架構部材から独立させて塔全体を貫通させるという考え方はどのように生まれたのか。先端技術の粋である東京スカイツリーでもこの心柱方式が応用されていることが、この五重塔の技術の先進性を物語っている。

提供：便利堂

fig.2 掘立柱形式の心柱。
模型からも中心を貫く心柱が他の部材から独立していることがわかる。

模型縮尺：1/10
模型制作：田村長治郎（2022年）
模型所蔵：本多哲弘

薬師寺 西塔／東塔（国宝）
Yakushiji Temple West Pagoda, East Pagoda [National Treasure]

建立年：西塔／730年（創建）、1981年（再建）　東塔／730年（創建）、2021年（解体修理）
地域：奈良県

部材の巧みな組み合わせにより
実現した三重塔

薬師寺には西塔／東塔のふたつの塔が向かい合って屹立している。三重の塔であるが、各層にひさしのような裳層がついているので、六重の塔のように見える。

西塔は享禄元（1528）年の兵火での焼失以降、永らく礎石のみが残る状態であったが、当時の薬師寺管主高田好胤の努力と信徒一同の「百万巻写経勧進」による浄財、そして西岡常一棟梁の技術によって1981年に453年ぶりに再建された。

一方、東塔は度重なる災禍を免れ、約1300年前の創建時の姿をとどめる平城京最古の建造物である。アメリカ人

西塔　©Kenji Seo

東塔（国宝）　提供：薬師寺

東塔（上）	模型縮尺：1/50
	模型制作・所蔵：木原明彦（2017年）
西塔（左）	模型縮尺：1/10
	模型製作指導：川口衞、阿部優
	模型製作：荒井和雄、碓井克彦、遠藤光男、大崎昇、岡田憲二、木内隆行（1979年）
	模型所蔵：明星大学 建築学部 松尾智恵研究室

美術家フェノロサが「凍れる音楽」と評したことでも有名であるように、国外からも高く評価される木造建築で、2021年に12年にわたる全面解体修理を終えたばかりである。

　薬師寺 三重塔の構造的な特徴を把握するために、法隆寺 五重塔と比較してみるとわかりやすい(fig.1)。大きく張り出した屋根を直接支えるのは図内で青色に示された地棰(じだるき)と呼ばれる部材であるが、これはＡの位置を支点としたてこの原理で支えられている。法隆寺では地棰が短いが、薬師寺では奥まで長く伸びている。支点から力点までの距離が長いほど大きな力を支持できるので、薬師寺のほうが荷重を支える仕組みが改善されているといえる。他にも雲肘木(くもひじき)が三手先となっている点や、通し肘木が二段になっている点など、模型や図面だからこそ見えるところにも注目してもらいたい。

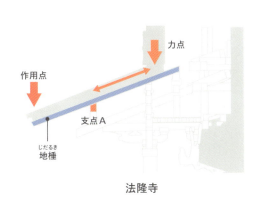
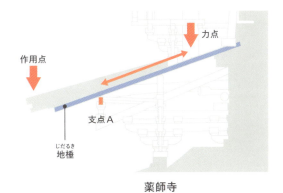

fig.1 薬師寺 三重塔と法隆寺 五重塔の構造のちがい

正倉院 正倉（国宝）
Shosoin Repository [National Treasure]

建立年：756年
地域：奈良県

模型縮尺：1/50
模型制作・所蔵：木原明彦（2020年）

提供：正倉院事務所

fig.1 床下の束柱

床下の束柱の驚くべき耐震性能

正倉の構造では、三角形に近い形の長材を井げたに組み合わせて積み上げる校倉造りの壁が特徴的だが、ここではこの建物の耐震性能を語る上で重要な、床下の束柱に注目したい (fig.1)。

束柱は長さ2.7m、直径60cmで、床の位置で切断されている。脚部も基礎となる礎石の上に載るだけの石場建て方式であり、床下にはこの束柱40本があるだけで、耐震のための壁などはない。

これらの柱が転倒しないのは傾斜復元力 (fig.2) と呼ばれる効果のおかげであり、これは起き上りこぼしの原理と同じと考えると理解がしやすい。傾斜復元力は①上からの荷重が大きいほど、②柱の断面が大きいほど、③柱の長さが短いほど、その効果が大きくなり、この建物の束柱はこれらの条件をよく満たしている。

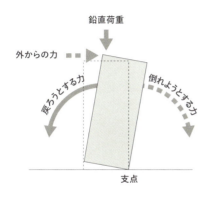

fig.2 柱にはたらく傾斜復元力

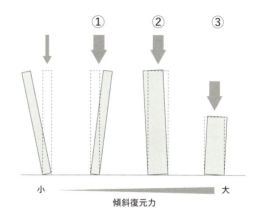

Chapter 1 木造の可能性 法隆寺から未来へ

東大寺 大仏殿（国宝）／南大門（国宝）
Tōdai-ji Temple Daibutsu-den (Great Buddha Hall) [National Treasure] / Tōdai-ji Temple Nandai-mon (Great South Gate) [National Treasure]

建立年：大仏殿／751年（創建）、1195・1709年（再建）、1912・1980年（修理）　南大門／1199年（上棟）
地域：奈良県

美しさと合理性を兼ね備えた貫構造

世界最大級の木造建築である東大寺 大仏殿は、過酷な歴史を経験している。天平勝宝3（751）年に創建されたという初代大仏殿は、平重衡の南都焼討によって1180年に灰燼に帰した。その後、俊乗房重源の尽力によって1195年に再建されたが、永禄10（1567）年の三好・松永の兵火で再度焼失し、大仏様が100年近く風雨にさらされる状況が続いたのち、現在見られるかたちで宝永6（1709）年に再建（落慶供養）が行われた。その後は焼けることはなかったが、明治から昭和にかけて、大雨の際に建物内部に時折、雨水が見られるような劣化状態であったという。

鎌倉時代の再建では、大仏様と呼ばれる構法が用いられた。この大仏様の主要な特徴である挿肘木や貫は、部材を柱に貫通させ、楔で締めこむものである（fig.1）。挿肘木を多段に重ねることで軒先の荷重を分担して負担するという構造合理性に加えて、この多段の挿肘木が建物の意匠を特別なものにしている。貫は地震時に柱が傾いた際に、柱が貫にめり込むことによってエネルギーを吸収する。単純な技術のように思えるが、一つ一つの性能はそれほど大きくなくとも、この貫が多数用いられることによって建物は極めて高い粘り強さを発揮する（fig.2）。以降の日本建築では標準形としてあらゆる建物に用いられている、革命的な技術である。

一方、明治の修理では、それまでに例のない、鉄骨を用いた補強が実施された（fig.3）。柱は約1〜1.5ｍの太さ

fig.1　柱と貫の接合

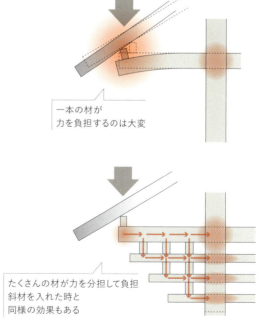

一本の材が力を負担するのは大変

たくさんの材が力を分担して負担 斜材を入れた時と同様の効果もある

fig.2　貫構造

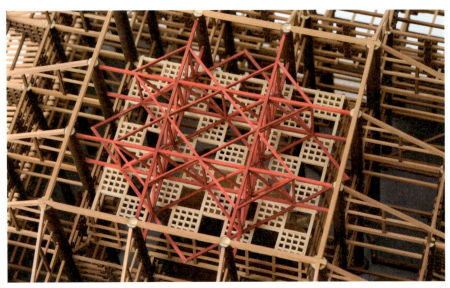

fig.3 明治時代実施された鉄骨補強

模型縮尺：1/100
模型制作・所蔵：木原明彦（2023年）

模型縮尺：1/30
模型制作・所蔵：木原明彦（2015年）

Column

再建のプロデューサー、重源

俊乗房重源は、平安末期から鎌倉時代初期に活躍した僧で、東大寺再建を主導した人物である。重源は源平の争乱で焼失した東大寺 大仏殿の再建を任され、1180年、61歳にして東大寺大勧進職に就任。資金集めから技術の導入、材料の調達に至るまで、その再建事業の全責任を担った。

特に注目されるのは、重源が日本国内にとどまらず、中国（宋）の最先端技術を積極的に取り入れた点である。大仏殿の再建には「大仏様」と呼ばれる建築様式を採用し、挿肘木や貫など、耐震性能と施工性を兼ね備えた技術を導入した。この選択により、以後の日本建築に多大な影響を与える革新をもたらした。

一方で、材料の調達も大きな課題だった。当時、都周辺の森林は荒廃しており、重源は遠く周防の国（現在の山口県）から巨大な材木を調達する計画を立案。瀬戸内海を利用した輸送を実現し、物流面でも優れた手腕を発揮した。

重源の尽力により、東大寺 大仏殿は鎌倉時代に甦り、江戸の再建を経てその後も長く日本建築の象徴として存在し続けている。彼は単なる僧侶ではなく、建築技術者、物流管理者、そして資金調達等の総合プロデューサーとして、後世に名を刻む存在である。

を確保するために当初から集成材形式となっていたが、この形を活かして山形鋼を外から見えないように柱に埋め込んでいる。また挿肘木の弱点である柱からのせん断力に対しては、挿肘木全体にトラス状の鉄骨を添わせている。大梁を支えるための鉄骨トラスも大きな特徴である。

歴史的事業としての初代大仏殿、その後の日本建築に革命を起こした貫を用いた二代目大仏殿、当時の先端技術である鉄骨で補強された三代目大仏殿と、歴史的建物は連綿と続く「線」として見る視点も重要である。

東大寺 南大門

東大寺 大仏殿

提供：一般財団法人奈良県ビジターズビューロー
撮影：三好和義

Chapter 1 木造の可能性 法隆寺から未来へ

松本城 天守 (国宝)
Matsumoto Castle Tower
[National Treasure]

築城年：1594年
地域：長野県

模型縮尺：1/30
模型所蔵：松本市立博物館 (1950年)

耐震壁として機能する特徴的な外郭構造

近世初期の戦国時代（16世紀半ば）、織田信長は防御用の櫓を高層化し、これが後に城郭建築の象徴である「天守」の原型となった。松本城大天守の外壁には、鉄砲や弓矢で敵を狙う狭間が計115か所設けられ、独特の外観と機能美を生み出している。

内部構造では、2層分（1・2階、3・4階、5・6階）を貫く通し柱が110本配置されている。通し柱の採用により、施工の簡素化と迅速な高層化が図られ、築城後ただちに外敵へ威容を誇示できたと考えられる。外壁は防御を意識した土蔵造で、壁厚は1・2階が約30cm、3・4階が約22cm、5・6階が約20cmと、上層ほど軽量化されている。

構造的には、通し柱と各階の胴差が半剛接合しラーメンフレームを形成し、その外周を囲む厚い土壁が耐震壁として機能する形となっている（fig.1）。軍事目的で築かれた天守が、堅牢さと同時に優美さをも備える点は、当時の築城関係者の高度な美意識を物語る。現代の高層化を目指す木造建築と比較しても、意匠・機能・構造を巧みに両立させる設計思想は示唆に富んでいる。

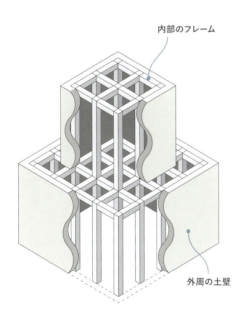

fig.1 松本城の外郭構造

錦帯橋
Kintaikyo Bridge

建設年：1673年（創建）、1674・1952年（再建）、2004年（架替）
地域：山口県

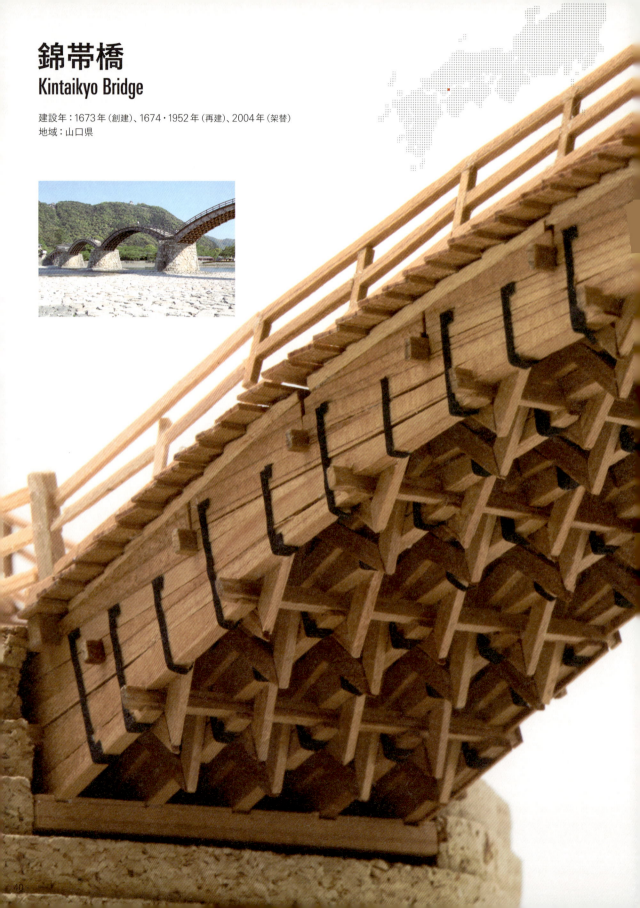

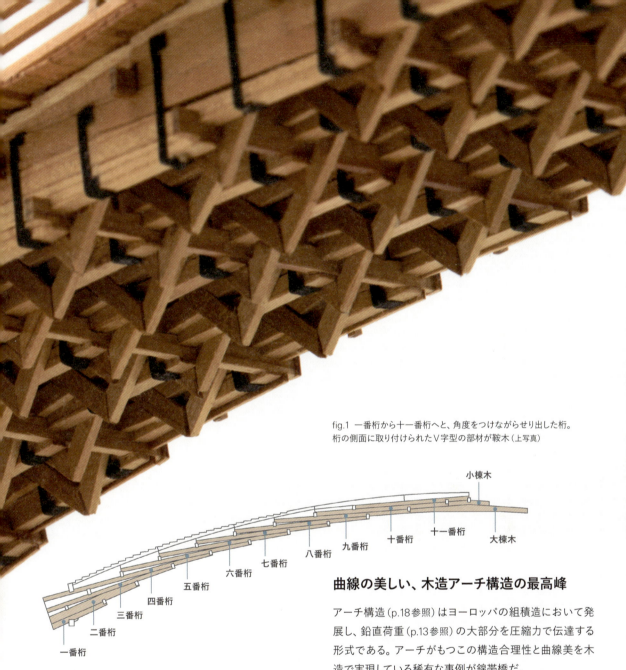

fig.1 一番桁から十一番桁へと、角度をつけながらせり出した桁。桁の側面に取り付けられたV字型の部材が鞍木(上写真)

曲線の美しい、木造アーチ構造の最高峰

アーチ構造(p.18参照)はヨーロッパの組積造において発展し、鉛直荷重(p.13参照)の大部分を圧縮力で伝達する形式である。アーチがもつこの構造合理性と曲線美を木造で実現している稀有な事例が錦帯橋だ。

　主要な部材である桁(けた)はマツの6寸角(180㎜)であり、長さ約6mの部材を少しずつ持ち出しながら(前方に抜き出しながら)アーチ形状を形成している(fig.1)。このアーチの側面には鞍木(くらぎ)、助木(たすけぎ)が取り付けられており、特徴的な姿を形成している。鞍木、助木ともに創建時にはなく後補のものであるが、2001年の架け替え時の振動実験では歩行時の振動防止、補剛効果が確認されている。鞍木の連続するX形状が、トラスのラチス材(補強材)のように、せん断力(物が切断される方向に加わる力)を伝達しているのである。

模型縮尺：1/100
模型所蔵：東京大学生産技術研究所 腰原幹雄研究室

Chapter 1　木造の可能性　法隆寺から未来へ

会津さざえ堂
Aizu Sazaedo Temple

建立年：1796年
地域：福島県

| 模型縮尺：1/20
| 模型所蔵：新潟職業能力開発短期大学校

fig.1 赤色と青色のスロープは互いに交わらず二重螺旋構造となっている。

大工の技術と
オリジナリティが際立つ螺旋構造

さざえ堂は、江戸時代、関東から東北にかけて流行した巡礼観音堂であるが、螺旋構造をもつのは会津さざえ堂のみである。螺旋状のスロープを時計回りに上がってゆき、頂上の太鼓橋を超えると反時計回りのスロープになって、上りと下りで参拝者がすれ違わない一方通行となっている (fig.1)。

螺旋形状をつくるためには、柱と梁は三次元的にぶつかることになり、その角度、形状を事前に把握して刻んだ大工の技術の高さと、螺旋状に上る庇の意匠のオリジナリティには感嘆させられる。また一方向の螺旋スロープではねじれに弱いため、後年にスロープと逆向きの斜材が外周に追加されていることにも注目したい。

現在ではデジタルファブリケーションなどデジタル技術の発展はめざましく、木造建築においてもこれまで不可能と思われていた形状が次々に実現されている。しかし、たとえば車に負けても、100メートル競走において速く走ることのできる人を称賛する気持ちはなくならない。生身の職人が極めて複雑な形状をイメージし、正確に刻み、美しく組み上げることができることの凄さは、再評価される必要がある。

提供：山主飯盛本店

白川郷合掌造り民家・旧田島家
Gassho Style House in Shirakawa-go — Former Tajima House

建築年：1877−1886年頃（明治10年代）
地域：岐阜県

44

提供：白川村教育委員会

模型縮尺：1/5
模型所蔵：白川村教育委員会(1994年)

fig.1 駒尻と合掌材、コハガイの接合

トラス構造を応用した、サスティナブルな木造建物

　印象的な風景を生み出している白川郷の合掌造りの屋根は、自然環境への対応と生活の機能を満たすために生み出された合理的な架構である。豪雪地帯の雪を効率良く落とすための急勾配と、養蚕のために広い空間を実現するために採用されたのは、合掌造りというトラス構造(p.16参照)であった。

　伝統木造の屋根を形づくる和小屋は、部材に曲げ応力(p.14参照)が生じるために大きな梁断面を必要とする。一方、合掌造りが形成するトラス構造は、力を圧縮力として伝える仕組みであり、小さな断面と少ない部材で力に対して抵抗ができる。このようなトラス構造が体系的に利用さ

れるようになったのは明治以後であるが、それ以前に白川郷の大工たちがこの原理を理解していたことは、接合部を観察するとよくわかる。

　合掌を形成する扠首（さす）の脚部は、駒尻と呼ばれる鉛筆型に加工され、水平梁のくぼみに差し込まれているだけである(fig.1)。トラスの原理を理解していないとこのような接合部にはできない。また屋根部材は紐で接合されただけのシンプルなものとなっている。

　自然素材を用い、構造の原理を巧みに応用することで実現したこの建築は、素朴ではあるが日本建築を語る上で欠かせない建物である。

工学的アプローチ
による木造

戦時下の資材不足の時代には、細い木材と金物を用いた接合により、大空間を生み出す技術が研究された。旧峯山海軍航空基地格納庫（1941年頃、p.48）では、小断面の木材を金物接合することで、30mの距離の大きな空間を実現している。

戦後になると、国策で次々と植林がされたものの、間伐や手入れが行き届かず、荒廃する森林が増加した。そうした背景の中、現代木造とコンピュテーショナルデザインのパイオニアである建築家の葉祥栄は、間伐材を用いた立体トラスによる小国ドーム（1988年、p.54）を実現させる。

また、集成材やCLT（p.15参照）などの材料の加工技術も発展し、大断面の木材の使用が可能となったことで、木造による構造デザインの可能性が広がっていった。

工学的なアプローチにより新たな構造システムを木造で達成するプロジェクトをみていきたい。

1-2

旧峯山海軍航空基地格納庫
Former Mineyama Navy Air Corps Hangar

竣工年：1941年頃
地域：京都府
*本施設は一般公開していません。

fig.1 はさみ梁と木製パネル接合部
束材を2枚の薄い梁材ではさみ、トラスフレームが構成される。柱と小屋組の接合部は、外側に取り付けられた五角形の木製パネルによって一体化が図られている。

撮影：近藤以久恵

fig.2 トラス中央の金物接合部

© ToLoLo studio

資材の制約が生んだ工学的な大規模木造

　第二次世界大戦下の1941年頃に建設された木造の航空機格納庫である。細い木材とボルトやジベル等の金物を組み合わせて柱から小屋組まで一体のトラスを構成し、それを11フレーム連ねることで、梁間（幅）約30m・桁行（奥行）約31m、高さ約13mという巨大な無柱空間を実現している。

　この架構は、「新興木構造」と呼ばれる大規模木造技術の典型である。戦争による鉄材不足のなか、鉄骨造や鉄筋コンクリート造の大型の構造物を木造で代替するために開発されたドイツ由来の構造技術だ。大工の経験則に頼っていた従来の木造とは異なり、構造工学に基づいて精密な設計を目指したという点で画期的な木造技術だった。しかし、戦後に入ると国内の森林資源の不足や戦後は不燃化の推進により、姿を消していった。

　「新興木構造」の貴重な現存例であるこの建物は、格納庫としての役目を終えたのち、機織工場を経て現在は倉庫に利用されている。トラスのはさみ梁(fig.1)や屋根上部の勾配を緩くした腰折れ屋根が独特の軽やかさを醸し、また木製パネルを用いた接合部(fig.2)が戦時期ならではの工夫を今に伝える。住宅用木材でつくられた近年の中大規模木造建築と比較するのも興味深い。

模型縮尺：1/40
模型制作：冨士本学（2024年）
模型所蔵：東京大学生産技術研究所 腰原幹雄研究室

© ToLoLo studio

Chapter 1 木造の可能性 法隆寺から未来へ

八幡浜市立日土小学校
Yawatahama City Hizuchi Elementary School

竣工年：中校舎／1956年　東校舎／1958・2009年（改修）
地域：愛媛県

現在も生き続ける木造モダニズム建築の秀作

愛媛県の八幡浜市職員だった松村正恒（まつむらまさつね）の設計による日土小学校は、木造のモダニズム建築の優れた作品として高く評価されている。

　木造学校建築は1950年の建築基準法制定以前から日本建築規格などのかたちで構造の基本形が示されていた。日土小学校も基本的な構造要素はこうした規格に基づいて構成されているが、これに鉄骨トラス、丸鋼ブレース（すじかい）、柱金物、トラス鉄骨階段など金属を組み合わせた独特の構造要素を持った建物となっている (fig.1,2)。

　2009年の耐震補強設計では既存の耐震要素の性能向上に主眼を置き、新興木構造で用いられる金物が付く柱接合部は不足分のみ補強している。補強後の姿をあらわす模型でもわかるように、象徴的な窓側の丸鋼ブレースは、径を少し太くしながら二重に配置することで空間に違和感を生じさせないようにしている。

原設計：八幡浜市役所 土木課建築係 松村正恒
改修構造設計：腰原幹雄（東京大学生産技術研究所）、佐藤孝浩
模型縮尺：1/50
模型監修：東京大学生産技術研究所 腰原研究室 腰原幹雄
模型制作：小林敏、棚橋玄、
風間貴志（武蔵野美術大学学生、2007年）
模型所蔵：八幡浜市立日土小学校

fig.1 柱は135×135㎜、桁行方向には、直径19㎜の丸鋼ブレースが用いられている。
fig.2 2階の屋根頂部にみえる白い部材が、鉄骨トラスで、同じく白い部材でつくられた階段は鉄骨階段。

小国ドーム
Oguni Dome

竣工年：1988年
地域：熊本県

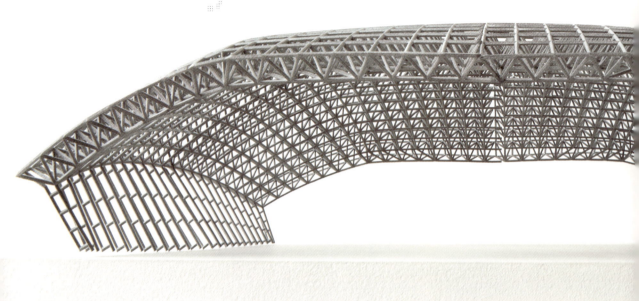

fig.1　小国町交通センター（1987）の木造立体トラス構造模型

fig.2　ドリフトピン及びボールジョイントの接合部は、ミリ単位の変形を許容し、力を伝達できるエポキシ樹脂が注入されている。エポキシと木はヤング係数がほとんど同じであり、樹脂が固まるまで自由に動かせる為、寸法精度±0にでき、これが立体トラスを可能にしている。

1

2

建築設計：葉デザイン事務所
構造設計：松井源吾＋森川義彦
模型縮尺：全体模型 1/100、
接合部モックアップ 1/1、
構造実験の試験体 1/1
模型所蔵：九州大学葉祥栄アーカイブ
模型制作：葉デザイン事務所

建築設計：葉デザイン事務所
構造設計：松井源吾、森川義彦
模型縮尺：1/100
模型製作・所蔵：The University of New South Wales
Dr Nicole Gardner | Professor M Hank Haeusler |
Dr Kate Dunn | Dr Jack Barton | Tracy Huang | Daniel Yu

間伐材を用いた立体トラスによる日本初の大規模木造

熊本県小国町につくられたドーム。短い小径木の間伐材を5602本用いた自由な形状の大空間を実現し、隙間から差し込む自然光により、柔らかな光に包まれた建築となっている。日本の林業の課題となっている間伐材の利用促進を目指し、1985年に初めて実験と計算によって間伐材の構造材としての安全性を確認した。

「交通センター」(fig.1)「林業センター」に続く仕上げのプロジェクトとして位置づけられたこの建築は、これまでのふたつで十分な性能が示されたドリフトピン及びボールジョイント(fig.2)による接合部のディテールが改良され、ボルトが見えないピン接合となっている。

南北56m×東西46mの大空間を覆うために、高さ1.8mのシステムトラスを採用し、前述した接合部によって異種素材間の力の流れをスムーズにしている。

木材供給の低下や建物に要求される耐久性（耐震・耐火・耐風）の低さから、日本では1950年代からいわゆる「木造建築空白の時代」を迎えたが、この意欲的な建築は空白の時代に終わりを告げ、その後に続く中大規模木造建築への足掛かりとなった。

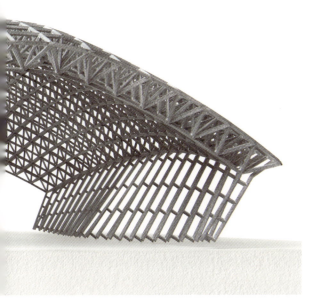

撮影：井上一　提供：葉祥栄アーカイブ

海の博物館 展示棟
Toba Sea-Folk Museum Exhibition Hall

竣工年：1992年
地域：三重県

© 内藤廣建築設計事務所

建築設計：内藤廣建築設計事務所
構造設計：構造設計集団〈SDG〉
模型縮尺：1/30
模型制作・所蔵：内藤廣建築設計事務所（1995年）

集成材を用いた有機的なハイブリッド架構

漁船・漁網などの漁労用具を収蔵し、漁民文化を研究・展示する博物館の展示棟。伊勢志摩湾近くの塩害のある環境で、100年を超える耐久性と経済性を実現することが本建築の設計時に求められたテーマであった。

特徴的な屋根は湾曲集成材によるアーチと山形フレーム、キールと呼ばれる奥行き方向に力を伝える立体トラスが組み込まれた構造。アーチ部材を脚部はダブル、中央部はシングルにして挟み込み継手を簡略化している。力を分散させながら地面に伝えることにより、部材断面が小さくでき、接合部をシンプルにしている。

それまでの集成材建築にありがちな大断面による力任せの構造ではなく、応力と部材断面・ディテールを丁寧にすり合わせることで、ダイナミックでむき出しの骨格でありながら人間的な温かみのある空間となっている。日本の新しい時代の木造建築の方向性を指し示す建築。

長野市オリンピック記念アリーナ（エムウェーブ）
Nagano Olympic Memorial Arena "M-WAVE"

竣工年：1996年
地域：長野県

fig.1 鋼板を集成材で挟み込んだ複合材の断面図。
半剛性とは、鋼板の引張剛性に
木の曲げ剛性を付加したという意味。
曲げ剛性をもつ軽量で
効率のよい吊り材となる。

提供：株式会社エムウェーブ

設計：久米・鹿島・奥村・日産・飯島・高木設計共同企業体
模型縮尺：1/300
模型所蔵：鹿島建設株式会社（1992年）

M字型の大空間を実現させた
ハイブリッドな吊り屋根

　1998年に開催された長野オリンピック（第18回オリンピック冬季競技大会）のスピードスケート競技の会場として建設された施設。長野の山々の峰をイメージさせる屋根の連なりは、従来のドーム建築から脱却した新鮮な形態である。

　主に信州産カラマツを使用した構造用大断面集成材を大胆かつふんだんに採用し、木造と鋼板をハイブリッドした半剛性吊り屋根構造を実現。スパン80mの屋根の吊り材は、125×300mmの2枚の集成材（湾曲材）で12×200mmのスチールプレートを挟み込んだ複合材（fig.1）を、600mmのハイピッチで配置したもの。

　80mという大スパンの架構体としてはシンプルかつ繊細であり、連続したワンウェイのシンボリックな形状の吊り屋根が生み出された。

東京大学弥生講堂 アネックス
Yayoi Auditorium Annex, The University of Tokyo

竣工年：2008年
地域：東京都

建築設計：河野泰治アトリエ
構造設計：東京大学 木質材料学研究室 稲山正弘
模型縮尺：1/20
模型制作・所蔵：河野泰治アトリエ（2006年）

計算された曲面ユニットが織りなす空間美

東京大学本郷キャンパスの農学部正門北側に位置する弥生講堂には、一条ホールとアネックスのふたつの施設がある。本模型は、「セイホクギャラリー」というレセプションやシンポジウムなどを行う約7×30mのアネックスのための空間である。

HPシェル（双曲放物面）と呼ばれる曲面のユニットが1点で直立し、合計8基のユニットが交互に支えあいながら成立している建築。半ピッチずつずらしながら配置することで各ユニットの独立性を強調させ、緊張感のある空間を生み出している。

一般的なシェル構造は連続した面で構成されているが、このHPシェルは、直線の集合で表すことができるため、薄い合板の相互の切り込みを篏合させてねじりながら取り付け、その上下を受材で補強することで曲面の骨組みを形成している。応力解析の際にはビスの1本に至るまでモデル化し、同時に実験も行い解析結果と一致することを確認している。

提供：河野泰治アトリエ

梼原 木橋ミュージアム 雲の上のギャラリー
Yusuhara Wooden Bridge Museum

竣工年：2010年
地域：高知県

©太田拓実

小部材の組み合わせによる木橋

ふたつの公共施設を結び、地域交流の架け橋となるミュージアム。梼原の森に、町産材をふんだんに用いた木橋を架けることで、周囲の自然と調和しながら梼原の象徴となる建築。30m級の大きなスパンを架けるにあたり、コンクリートを思わせる大きな断面ではなく、小断面の集成材を集積させる木造デザインとした。

両端から刎木(はねぎ)を重ねて持ち出しながら、橋桁をのせていく、「刎橋(はねばし)」という架構形式を採用。180×300mmの集成材による刎木の連なりで全体をつくり、更にこれを敷地の形状に適用させるために、鉛直荷重を受ける柱脚を中心として両端のバランスをとる「やじろべえ型刎橋」ともいうべき新たな架構形式である。

また、中央の橋脚は鉄板を用い、木と鉄のハイブリッドの構成で支えている。木の新たな存在感と抽象性を醸し出す木橋が実現している。

建築設計:隈研吾建築都市設計事務所
構造設計:中田捷夫研究室
模型縮尺:1/60
模型制作・所蔵:中田捷夫研究室

クラサス武道スポーツセンター
(大分県立武道スポーツセンター)
Crasus Martial Arts Sports Facility (Oita Prefectural Martial Arts Sports Facility)

竣工年：2019年
地域：大分県

建築設計：石本建築事務所
屋根架構設計：山田憲明構造設計事務所
模型縮尺：1/60
模型制作・所蔵：
山田憲明構造設計事務所（2019年）

120㎜×240㎜×4mの県産スギ製材を適材適所に配置し実現した大空間

大分スポーツ公園内に建設された屋内施設で、多目的競技場と武道場を備える。日本屈指の生産量を誇る大分県産のスギ製材を徹底的に活用し、約70×100mの無柱大空間を実現している。木材生産者や専門家との対話を重ね、直径300㎜程度の原木から得られる一般流通材として需要の高い断面120×240㎜、材長3～4mの平角製材を有効活用し、地域木材を無駄なく使い切る工夫が凝らされている。

基本的な構造システムは短手方向に架けられたアーチトラスである。アーチは曲線で描かれるが、円弧を24等分した直線で近似することにより、接合部の合理化を図っている。これにより、材同士の角および下弦材木口のカット面角度が統一される。製材は集成材と違い、強度のばらつきが生じてしまうため、スギ材のヤング率（物体の変形のしやすさ、しにくさを測るための指標）や含水率に応じて4種のグループに分類し、適材適所で使い分けている(fig.1)。地域資源の活用と、力学・施工における合理性を両立させた木造大空間の先駆的事例である。

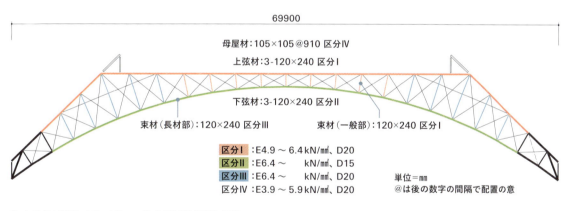

fig.1 杉材を強度に応じて4グループに分類し適材適所に配置

堅の家
Tnoie

竣工年：2018年
地域：愛知県

機能を集約させた、薄板のＴ型架構

建築家によるこれまでの実践を応用した自邸である。小さな寸法による空間の可能性と薄い木構造体によって緩やかに隔てられた大きな空間との共存を試みている。住宅に必要な各居室の寸法を検証した結果、居室の幅を1.55mとしている。一般的な木造住宅では柱・梁などを線材によって構成するが、この住宅では中心に配置された家具のスケールに近いＴ型架構が建物を支えている。また床も梁を用いず薄い集成材1枚で構成している。

©佐々木勝敏建築設計事務所

　このT型架構は集成材による55×700㎜の柱と55×450㎜の大梁からなり、柱－梁および柱－基礎を接着剤併用接合にて固定している。これらを連続的に配置することで、短手方向の地震力に抵抗する架構を実現した。
　T型架構は躯体であると同時に、その間から自然光を取り入れるが、厚みを55㎜と極限まで絞ることで、差し込む光に緊張感をもたせている。

建築設計：佐々木勝敏建築設計事務所
構造設計：寺戸工藝 株式会社
模型縮尺：1/30
模型制作・所蔵：佐々木勝敏建築設計事務所（2018年）

Chapter 1　木造の可能性　法隆寺から未来へ　67

ストローグ社屋
Stroog

竣工年：2022年
地域：富山県

建築設計：原田真宏＋原田麻魚／
MOUNT FUJI ARCHITECTS STUDIO
構造設計：KMC（蒲池健）
模型縮尺：1/100
模型制作・所蔵：原田真宏＋原田麻魚／
MOUNT FUJI ARCHITECTS STUDIO
（2020年）

撮影：新良太

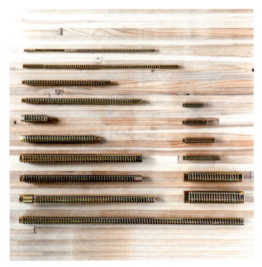

fig.1 STROOG社製のラグスクリューボルト

柱・梁・壁のすべての役割を果たす CLTパネル

木造建築の接合金物を取り扱うメーカーの本社屋。高さ3mの大版のCLTパネル（直交集成材、p.15参照）が柱・梁・壁のすべての役割を果たす構造システムである。CLT原板に切り込みを入れ井桁状にかみ合わせながら組み上げ、立体的にグリッドモジュールに束縛されないシステムが成立している。

パネル同士を45度方向に相欠きとすることで、嵌め合わせによる抵抗を最大限に生かす2方向モーメント抵抗接合となっている。接合部に生じる回転する力に加えて、パネル全体の回転挙動を抑えるためにSTROOG社製のラグスクリューボルト（fig.1）を相欠き部に集約して、浮き上がりを抑えている。

Chapter 1　木造の可能性　法隆寺から未来へ　69

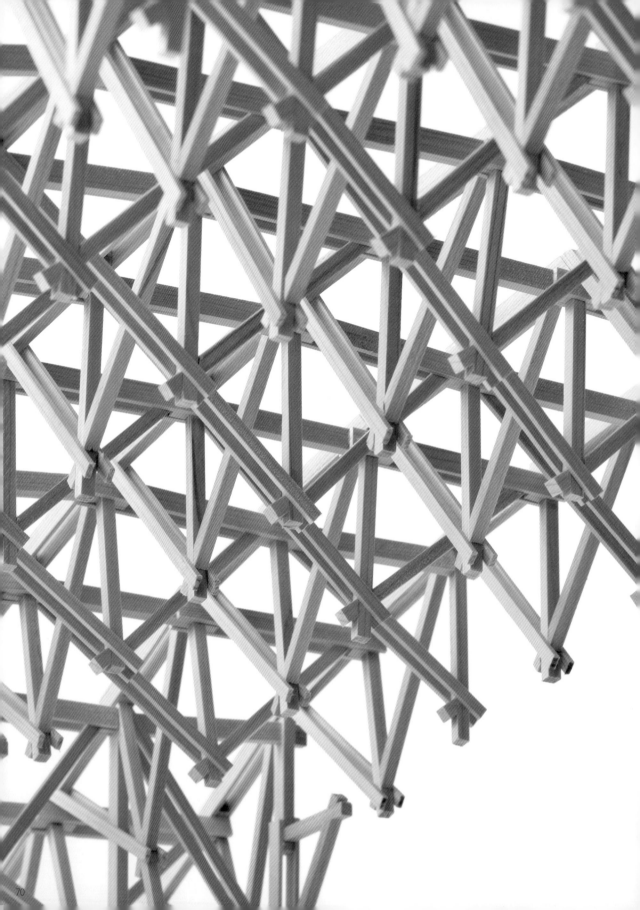

これからの
木造建築の可能性

ここまでのパートでは、伝統的な木造建築と近代以降の工学的な技術を用いた木造建築の両方向から、木造の発展をみてきた。太い材と細い材、さらには近年の加工技術の発展による大断面加工材に至るまで、資材に応じて創意工夫がなされることで、木造の技術とデザインが蓄積されてきた。一方、森林環境を歴史的にみていくと、過剰な伐採や、手入れ不足による荒廃など、木材の利用と森林保全のバランスが不健全な時代があった。

森林を循環させ環境保全をしながら、木材を適切に活用することに、蓄積された技術とデザインを活かしていく……そこに未来の木造建築の進む方向があるのではないだろうか。

木造建築の今後を示唆し、未来に向かうアプローチを提示する近年の木造建築プロジェクトを紹介していく。

1-3

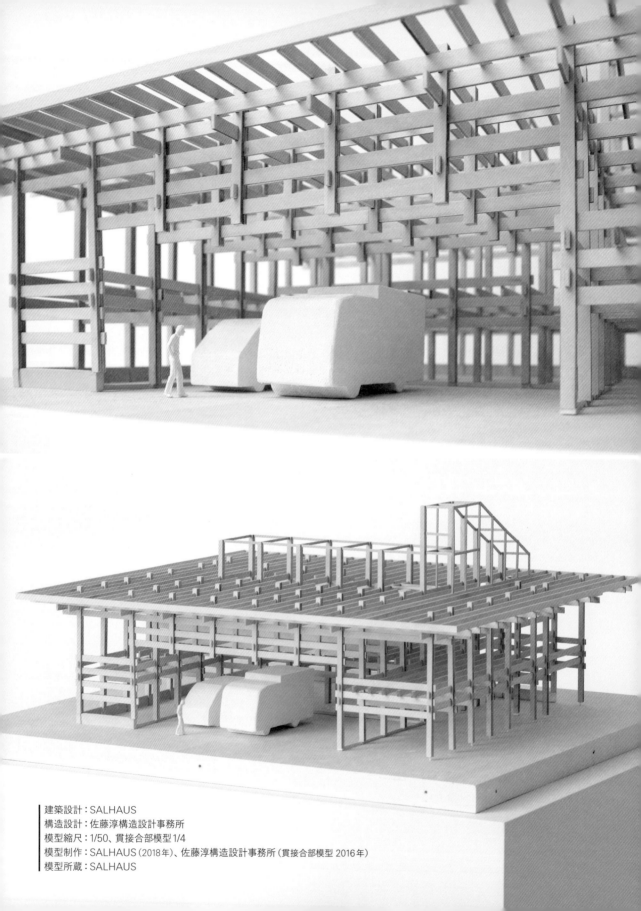

建築設計：SALHAUS
構造設計：佐藤淳構造設計事務所
模型縮尺：1/50、貫接合部模型1/4
模型制作：SALHAUS（2018年）、佐藤淳構造設計事務所（貫接合部模型 2016年）
模型所蔵：SALHAUS

大船渡消防署住田分署
Ofunato Fire Department Sumita Precinct

竣工年：2018年
地域：岩手県

fig.1 梁の貫接合部。木の込栓(こみせん)と楔(くさび)を利用し、接合部に金物を用いていない。

「より少なく」から「より多く」への転換

町の総面積の90％が森林であり、「森林・林業日本一の町」を目指すという木材産出に秀でた岩手県住田町に建設された木造の消防署。近代以降の建築に求められてきた、「より少ない材料でより多くの空間を得る」という考えから脱却し、木材という地域資源をより多く利用することを目的とすることで町の特性を活かした。

間取りの自由度を持たせる為に、耐震壁を用いず、ラーメン構造(p.17参照)を採用。日本の伝統構造である貫工法を応用し、集成材を用いた300㎜角の柱に、高さ360㎜の細幅梁を貫通させ、込栓を複数打ち込むことで貫接合を強剛にしている(fig.1)。さらに梁を多段にすることで、建物全体として十分な数の貫接合部を確保し、木造ラーメンフレームを実現している。

The Naoshima Plan「住」
The Naoshima Plan "JU"

竣工年：2023年
地域：香川県
＊本施設は一般公開していません。

©Sambuichi Architects

建築設計：三分一博志建築設計事務所
構造設計：ホルツストラ
模型縮尺：1/17.5
模型制作：東京大学大学院 農学生命科学研究科
稲山正弘（2024年）

数百年先の未来を見据えた部材と平間柱貫工法

「The Naoshima Plan」とは、個々の建築や街区、水路などを通して、島全体の風・水・太陽などの「動く素材」を浮き上がらせ、その美しさを再認識する試みである。本建築は、その一貫として島に新たに移住する人たちが住まう長屋を計画し、瀬戸内国際芸術祭2022年においては、スケルトン建築そのものが出展作品として公開された。

　数百年先の未来の直島へ受け渡すことのできる建築とするために、社寺に用いられる伝統的な貫構法の魅力を継承し、島の塩害に弱い釘やビス、ボルト、鉄筋コンクリートの基礎、科学的な接着剤、合板や集成材を一切用いない新たな構造体だ。

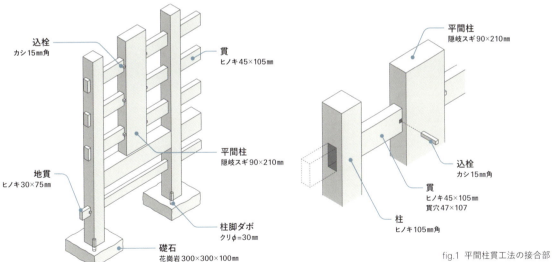

fig.1 平間柱貫工法の接合部

　ここで耐震壁や天井構面に用いられている平間柱貫工法 (fig.1) は貫穴に奥行きがある「平間柱」に小さな断面の「貫」をたくさん貫通させることによって、小さな力の集合で大きな力を生む木組み工法である。

　流通木材だけを適材適所に用い、省資源でありながら、台風や地震の揺れを抑え大地震にも貫が平間柱にめり込んで粘り強く抵抗できる。何度地震を受けても込栓・抜きの調整を繰り返しながら住まい続けられる。従来のようにコンクリート基礎がないので基礎の廃棄撤去をせずに移築も可能である。

Chapter 1 木造の可能性 法隆寺から未来へ

エバーフィールド木材加工場
Ever Field Wood Working Plant

竣工年：2023年
地域：熊本県

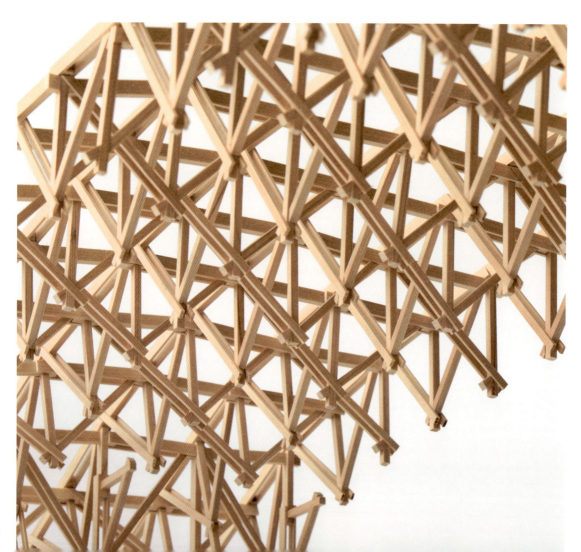

©藤塚光政

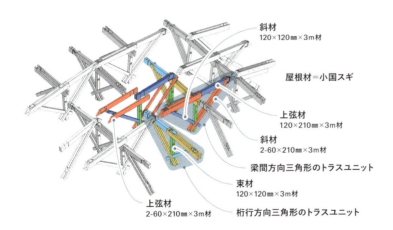

建築設計：小川次郎＋小林靖＋池田聖太
構造設計：山田憲明構造設計事務所
模型縮尺：全体模型1/50、部分模型1/20
模型制作：池田陸人、林聖馬、安田浩昭、松永剛（2020年）
模型所蔵：小川次郎

fig.1 三角形のトラスユニットが互いに支える－支えられるの関係を繰り返して安定させるレシプロカル構造

全ての構造部位が小中断面の流通材で構成された木造レシプロカル構造

熊本県にある建設会社の木材加工場として計画された建物で、小中断面の県産流通材のみにより構成された木造大架構建築。材長4m以下の製材が互いにもたれかかるように支えあう木造レシプロカル構造により、無柱大空間が成立している。

この建築における「木造レシプロカル構造」とは、主に4寸角（120㎜角）とその半割の部材からなる三角形のユニットを単位として、これらが互いに「支える－支えられる」(fig.1)という関係を繰り返すことで、建物全体が構造的に安定する仕組みである。一般に、木造レシプロカル構造は屋根架構に限定して用いられることが多いが、この建築では屋根、壁を含むすべての構造的部位が同システムで構成されている点に加え、複雑なジオメトリーにも適合できる拡張性を持つ点に特徴がある。

Chapter 1 木造の可能性 法隆寺から未来へ

小豆島 The GATE LOUNGE
Shodoshima The Gate Lounge

竣工年：2023年
地域：香川県

建築設計：VUILD
構造設計：Graph Studio
模型縮尺：1/20、木製骨組み模型1/10
模型制作：VUILD（2023年）
模型所蔵：VUILD株式会社 海老名工場

© 太田拓実

fig.1 デジタルファブリケーション技術によって制作された模型。同一の設計データをもとに、模型での検証から実物の加工までを一貫して行うことができる。全ての部材には番号が印字されている。各部材は寸法が異なるが、シンプルな接合部と、デジタルファブリケーション技術により施主自身が施工に加わることが可能となっている。

島内の材料を活用した構造と建設システム

小豆島の瀬戸内海を見下ろす丘に建てられた建築。樹齢千年のオリーブ大樹を中心とした「千年オリーブテラス」を体験する入り口とラウンジ機能を担う空間として計画された。

小豆島で木造を建てる場合、香川県本土から木材を運び込む必要があるため、島内の材料を活用することを目的としたプロジェクト。

島内で採りやすい木材である径150〜200㎜の丸太材を用い、設計者が所有する米国製の木材加工機「ShopBot」を島内に持ち込み、施主自ら木材加工を行なっている。加工機の制限から、2.5m以下の長さの丸太の半割材と太鼓材を交互に組み合わせてボルト留めし、力の伝達がスムーズなアーチ状の構造とした (fig.1)。

アーチの効果を活かしつつ、スラスト力 (外に開こうとする力) を軽減することを目指して形態を決定した。頑丈な地盤であることから、コンクリートを打つのではなく、島内でとれる石を設置して基礎としている。

大阪・関西万博 大屋根リング
Expo 2025 Osaka, Kansai, Japan The Grand Ring

竣工年：2025年
地域：大阪府

基本設計：藤本壮介＋東畑建築事務所＋梓設計
模型縮尺：全体模型1/500、部分模型1/50
模型制作・所蔵：東畑建築事務所（全体模型2022年）、
東京大学生産技術研究所 腰原幹雄研究室、KAP（部分模型2024年）

撮影：近藤以久恵

fig.1　全体模型
fig.2　リユース模型。木架構ユニットは、解体後、
　　　柱や梁の構造部材をリユースすることが可能。

日本の木文化を前進させる木架構ユニット

2025年日本国際博覧会（大阪・関西万博）におけるシンボルとして、会場のデザインコンセプト「多様でありながら、ひとつ」を体現した世界最大の木造建築。1周約2kmにわたる会場全体の主要動線であり、雨や日差しを遮る大屋根の下の空間に加えて、万博会場とともに大阪湾の風景や空が見える屋上も来場者の回遊路となっている。

　全体は幅約30m×内周直径約615mの円環状の大屋根と、それを支える109個の木架構ユニットにより構成されており、木架構は清水寺などの伝統的な日本建築に見られる貫接合を最先端の木造技術をもって実現させる計画としている。現代の耐震基準に適合させるべく、適切に木材と金属部材とを組合わせた貫接合をもって「つくりやすく、リユースしやすい」合理的な架構形式（fig.2）とすることで、日本の木文化を前進させ広く世界へと発信することを目指した。

　木架構ユニットは大規模木造への展開を見据えた3.6mグリッドのモジュールと、105mmの倍数である420mm角の柱材、210×420mmの梁材を基本に、主動線となる空間に7.2mの吹抜けを設けるデザインとした。

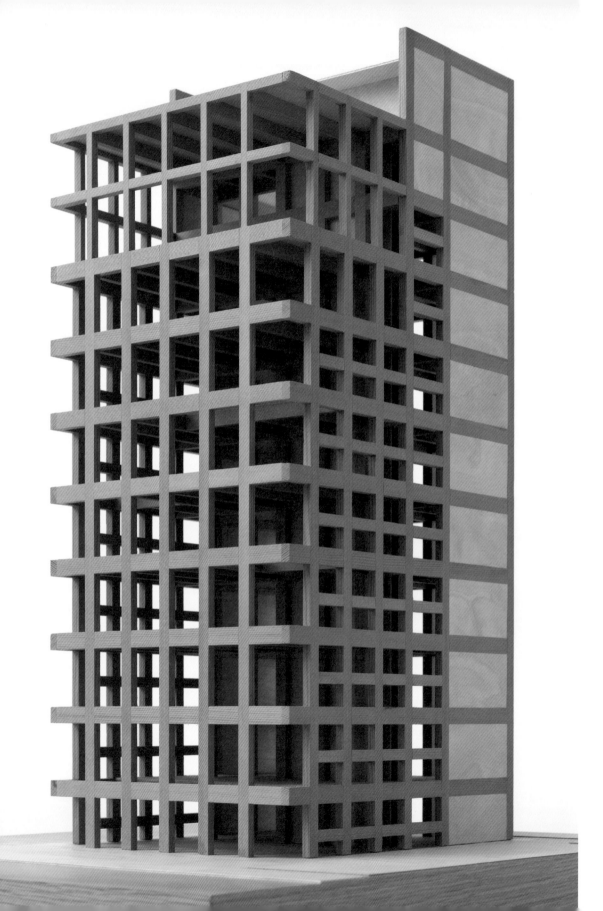

Port Plus® 大林組横浜研修所
Port Plus® Obayashi Training Center

竣工年：2022年
地域：神奈川県

設計：大林組一級建築士事務所
模型縮尺：1/100（全体模型）、
　　　　　1/5（剛接合仕口ユニット）
模型所蔵：大林組一級建築士事務所
　　　　　（全体模型 2022年、
　　　　　剛接合仕口ユニット 2024年）

fig.1　十字型の剛接合仕口ユニット

© ㈱エスエス 走出直道

国内初の高層純木造耐火建築物

全ての地上構造部材（柱・梁・床・壁）を木材とした、国内初の高層純木造耐火建築物。本建築で使用した1990㎥の木材量は炭素固定量換算で約4.5haの杉の人工林が50年間で吸収する量を都市の狭小敷地に建つビルで実現している。

　主構造の柱梁が一体された十字型の剛接合仕口ユニット（fig.1）は、LVL（単板積層材）を用い、実験により性能の検証が行われたGIR接合と貫構造を組み合わせ、鋼板を用いることなく剛架構性を確保する。床と耐震壁はCLT（直交集成材）により構成されている。また、耐火性能については、柱梁は石膏ボードで被覆し、その周りを表面木材で隙間なく連続的に覆うことで確保している。

　従来の鉄骨造や鉄筋コンクリート造とは異なる居心地のよいスケールの木造空間をつくり、ダブルスキンファサードによりその木架構を表出させる外観とした。様々な技術を統合し、現代の高層純木造建築のひとつとして計画した。

Chapter 1　木造の可能性　法隆寺から未来へ

寄稿｜建築素材としての竹の可能性　文：陶器浩一

fig.1　竹林でのものづくりの様子
fig.2　自然の竹を自然のまま用いた建築空間と組み立ての様子

本書では、ここまで伝統的な木構造から工学的アプローチを取り入れた事例まで、木造を起点に今後の構造設計の展望につき考察を進められている。わたしたちの研究室では、自然素材における新たな構造材として竹を使った構造物を制作し、2023−24年にWHAT MUSEUMで開催された展覧会「感覚する構造」でも展示を行った。以下にその取り組みについて紹介をしていきたい。

木造と竹素材

竹は成長が早く加工しやすい材料であるため古くから身近な素材として用いられ、釣り竿や弓、エジソンが白熱電球を実用化する際に使われたフィラメントなどには竹の高い強度特性が活かされている。また、竹取物語など童話に出てくるように、

竹林は身近な自然として人々に親しまれてきた。しかしながらプラスチックなど工業製品に置き換わるようになり、成長が早いゆえに手入れされなくなった竹林は繁殖して自然生態系を犯し、放置竹林は環境問題にもなっている。

一方で、環境意識の高まりから竹という素材が見直されてきている。竹は伐採や運搬など素人でも扱いやすく、鉄の1/3という高い引張強度をもち、多くの可能性を秘めた魅力あふれる材料である。

竹の新たな価値を見出す活動

わたしたちの研究室では「ものづくり まちづくり 未来づくり」を理念に、学生と竹林に入り地域の人とともに自然と共存した地域社会の実現に向けた活動を行いながら(fig.1)、以下のふたつのアプローチで竹という素材の特性を追求し、新たな価値を見出すための開発を行っている。

1. 自然の竹を自然のままに用いる
―自然な竹だからできる建築形態と空間―

枝を落としただけの自然な長尺丸竹を曲げて組み合わせる建築空間。根元が太く先端が細い竹を自然に曲げて構成するため任意の形状にはできないが、自然な竹だからこそできるしなやかでやわらかな空間が生まれる。一見簡単なように思えるが、自然な竹を理論にのせるために、太さと肉厚が連続的に変化する丸竹の断面寸法を定式化し、採取した丸竹の強度試験と解析によりどこまで曲げることができるかを決定し、それでできる組み立て方と形態を決めてゆく(fig.2)。天然材ゆえ欠陥のあるものもあるが、仮に一本破損しても"みんなで支えあう"架構とすることが大事である。

2. 竹のもちあじを引き出し最大限に活かす
―繊細な格子でつくる"新しい和の空間"―

竹は建築基準法で定められている構造材料ではないため、我が国では一般に竹構造建築はできない。研究室では竹構造建築の実現を目指し、様々な実験や実践を行っている。

竹の強度特性を活かせば小さな断面で空間を構成することが出来る。より強度特性を活かすため開発を進めている「三方格子システム」は、竹集成材の角材に一定の間隔で相欠き加工を施し、三方向(立体的)に組み上げてゆくものである

fig.3 竹集成材の角材を使った「三方格子システム」

4
fig.4「三灯小径」
fig.5「円相」(茶室)
18㎜角の部材による空間構成。

(fig.3)。欠き込みを1/2ずらして組んでいくのがポイントで、釘も金物も用いず手作業で組み上げることができる。同じシステムで自由に空間を展開することが可能である。可変性の高い空間をつくることができ、組みばらし自在なため解体や移設も簡単にできる。

作品「三灯小径」と「円相」では18㎜角の繊細な部材で展示空間を構成した(fig.4,5)。ワークショップでは、学生とミュージアムスタッフ、一般参加の子どもたちが手作業で組み立てを行った。展覧会終了後は、ミュージアムエントランスに移築して来訪者を迎え、その後、形を変えて建築倉庫のエントランス空間となっている。特殊な技術や経験を有することなく簡単に且つ自由に建築空間が生みだせるプロトタイプとして制作した展示空間は、18㎜角の繊細な部材で構成された「新たな和風建築」といえる。

5

6

信じること／任せること

竹という素材に向き合ってきて感じることは、自然素材を扱う上では"素材を信じる"ということが大事だということである。自然な材料であるからばらつきもあるし欠点もある。それを力づくで均質化しようとすると、もちあじが消えてしまう。技術の力で無理矢理欠点を矯正し"均質化"するのではなく、自然な材は自然のままに、欠点を許容して抱擁できるようなシステムが望ましい。

「信じること／任せること」。そうすれば彼らは最大限のパフォーマンスを発揮してくれ、新たな世界が広がるのではないだろうか (fig.6,7)。それは人間と同じである。

7

fig.6,7 2025年大阪・関西万博のパビリオンのひとつ「BLUE OCEAN DOME」(特定非営利活動法人ゼリ・ジャパン、設計：坂茂建築設計)にも竹材が採用されている。

木造建築の普及と現在

文：腰原幹雄

身近な素材から始まった日本の木造建築

建築の歴史は、身近に入手しやすい材料を使って雨露をしのぐことから始まった。国や地域により、その素材は異なるが、森林資源が豊かであった日本では、木材を用いて建築をつくってきた。本章では、日本における木造建築がどのように普及し、現在まで発展を続けてきたか、そのあゆみを構造設計の視点から振り返っていくが、ここでは掲載された建築物同士の大まかな関連や、時代背景を振り返ってみたい。

縄文時代の竪穴式住居や三内丸山遺跡（青森県）にみられる櫓は、太くて長い木材を原始的に縛る技術を用いて建設されたといわれていたが、同じく縄文時代に建設された桜町遺跡（富山県）で貫穴、欠込などの加工された材が出土した。縄文時代にすでにこうした加工技術が始まっていたとすると、木材の加工技術は数千年という時間の積み重ねの中で磨かれていったということになる。

豊かな森林と太い柱

現存する日本最古の木造建築としては、1300年以上前に建設された法隆寺 五重塔（p.26）がある。五重塔は、地震による倒壊の記録が見当たらないことから、心柱による建物の揺れを抑える制振効果（揺れを吸収する効果）、木架構による閂効果、多くの部材を木組のみで構成することにより生まれるエネルギー吸収効果など、のちの構造研究者によってその機構を工学的に評価する試みが行われている。しかし、決定的な要因は不明で、様々な要素による総持ちの効果と考えるのがよい。

法隆寺や東大寺建立の時代には、日本の森林資源が豊かであり、太い木材を用いて大伽藍の寺院が数多く建設されることになる。太い柱は、自然界で貴重な材料であ

るとともに、構造的には、大断面により大きく重い屋根を支えることが可能になる。また、傾斜復元力として地震力に抵抗することが可能になっている。大断面部材の柱、貫架構である、東大寺 大仏殿、南大門（p.34）にみられる大仏様は、貫架構など構造的には合理的な架構を示しているが、繊維直交方向のめり込みなどの木材の特性への対応が不十分で、経年変化による変形に対応できていない部分がある。

木材の特性としては、材料特性を十分に活かすためには繊維を切らない方がよく、製材せずに外周の耐久性の低い部分を削ることが望ましい。嚴島神社の大鳥居の柱はクスの木材を自然のままの形で使用している。

森林資源の枯渇から生まれた構造的工夫

しかし、こうした大規模な木造建築が多く建築され続けると、森林資源が枯渇し、歴史的にもしばしば森林伐採の規制が行われ、大径材の木材の入手が困難になってくる。その結果、中目材、小径材を用いて大規模な建築を建設する構造的工夫が求められるようになる。錦帯橋（p.40）は、6寸（180㎜）角の部材を巧に組み合わせて重ね梁を構成し構造的に合理的なアーチ構造で35mスパンを実現している。伝統的な木組を多用しているが、釘や巻金などの金物を多用している点でも、伝統木造の流れとは一線を画しているといえる。

木材の耐久性を考慮すると、修理、更新を前提とした建築構法も編み出される。大工職人のいない白川郷（p.44）では、居室部分の柱梁は外部の大工の腕に頼り十分な耐久性のある架構としている。一方、蚕室となる上部の小屋組は、茅葺を含めて定期的な更新が必要なため、専門家ではない地元民で更新が可能なように、丸太を枝や縄で構成している。さらに、駒尻というピン接合を用いることで、施工を容易にする工夫がみられる。施工方法、維持管理

700年頃（再建）
法隆寺 心柱
φ888㎜*

*八角形に外接する円の直径。
柱の辺に直行する直径は約78cm。

提供：便利堂

751 1195,1709（再建）
東大寺 大仏殿
φ1200㎜

提供：一般財団法人
奈良県ビジターズビューロー
撮影：三好和義

1168 1875（再建）
嚴島神社 大鳥居
φ3000㎜

提供：松本城管理課

1594
松本城 天守
380×380㎜

©大本幸和

1956
八幡浜市立日土小学校
135×135㎜

2022
Port Plus®
700×500㎜

©(株)エスエス 走出直道

2025
大阪・関西万博 大屋根リング
420×420㎜

©楠瀬友将

柱断面比較（S=1/10）

Chapter 1 木造の可能性 法隆寺から未来へ

が一体となって構造計画が立案されているのだ。

　同様に施工に重きを置かれたのが松本城(p.38)などの天守である。施工期間を短くする工夫が随所に見られ、多層を一気に貫く通し柱はその代表である。木材は、現場での長さ調整などの加工が容易であるため、不整形でも現場で対応しやすい。たとえば会津さざえ堂(p.42)では、六角形の平面に螺旋状に上る斜路といった複雑な幾何学に対して、単純な接合によって形状に合わせながら部材が組めるようになっている。

工学的なアプローチとの融合

　近代に入ると、木造建築も大工の経験学による発達から、工学的な発達も並行して進められるようになる。明治以降に新たに登場した工場や倉庫、学校校舎などの木造建築は、伝統技法で建てられるものもあるが、トラスやブレース、金物補強など構造力学に基づいた構造形式が用いられるようになった。新興木構造と呼ばれる木造建築は、工学に基づいた木造建築が目指され、戦中のコンクリートや鉄の資材難の中で、日本中の構造研究者が短い小径材を用いて旧峯山海軍航空基地格納庫(p.48)などの大空間の建築を実現した。

　コマ型ジベルなどの接合金物の開発もこの時期に進められることになった。戦後は、こうした技術を用いて学校校舎、体育館、工場、倉庫などが建設されるが、西洋での鉄とガラスによるモダニズム建築に対して、日本では木を使った木造モダニズム建築として八幡浜市立日土小学校(p.52)など建築家が新たな木造建築に挑戦した。日土小学校では、鉄骨トラスを用いた大梁や開放感の大きい丸鋼ブレースや柱脚金物など、鉄と木のハイブリッド構造ともいえる構造計画になっている。

木質再構成材や
住宅用流通製材の登場

　木造建築の構造計算という意味では、自然材料である点が大きな障害であり、材料の性能のばらつき、節や割れなどの欠点をどのように工学的に評価できるかが課題であった。解決のひとつが、集成材、LVL、そして近年のCLTといった木材を材料として再構成された再構成材で

ある木質材料の登場である。硬さを意味するヤング率、強さを意味する強度を保証された建築材料は、他の構造材料と同様に数値解析を容易にした。海の博物館 展示棟(p.56)は、短辺方向のアーチ構造と長辺方向のトラス構造がうまく融合しており、大断面集成材建築の代表例である。木質材料はエンジニアードウッドとも呼ばれ、エムウェーブ(p.58)では、集成材による自然の形の懸垂曲線ではなく空間を高くするために少し上に持ち上げられた形状の「半剛性吊り屋根構造」という新たな構造形式を実現することも可能となった。集成材、LVLによる大断面の軸材、そしてCLTによる大版の面材を用いることができるようになったのである。新たな大断面部材は東大寺 大仏殿に見られる架構とは異なり、ストローグ社屋(p.68)や木橋ミュージアム(p.62)のようにマッシブな木造建築を実現した。

　再構成材だけでなく、無垢の製材もJAS(日本農林規格)構造用製材の登場とともに、構造計算が可能になった。特に4寸(120㎜)角程度の部材は、戸建木造住宅の基本寸法ということもあり、経済的な優位性が高い。他構造の大規模建築の構造システムは、すでに住宅用流通製材を用いて様々な構造形式に適用され、東京大学弥生講堂 アネックス(p.60)では、木造HPシェル構造を実現している。

　エバーフィールド木材加工場(p.76)では、無垢材では長い部材の入手が困難なため短い材を組み合わせるレシプロカル構造を用いて大空間を実現することができている。大空間の大分県立武道スポーツセンター(p.64)でも、アーチトラス架構において、部材長を4m程度に抑えるとともに部材の切断角度を統一できる架構の形状を用いている。

伝統技術を活かした
工学的木造建築

　木造建築の工学的評価は、伝統技術の再評価にもつながることになる。貫などの木組による木材のめり込みの特性を活かした接合部は、伝統木造の代表的な技術である。剛性や耐力の面では金物接合に比べて値の小さい貫接合であるが、性能の低さは数で抵抗することで補うことができる。The Naoshima Plan「住」(p.74)では、多段に設けられた貫が工学的に評価された耐震要素として機

能する。さらに大規模になっても、大船渡消防署住田分署 (p.72) のように大断面集成材を用いれば高性能な貫によるラーメン構造が実現可能である。大断面の無垢材も、乾燥の問題から建築利用のハードルは高いが乾燥技術の整備が行われており、大断面の無垢材を用いた架構が登場する日も近い。

戦後は、森林資源の枯渇から木材の使用に制限のかかる時代であった。その後、戦後の植林によって森林資源が豊かになったが、入手に時間のかかる大径材の活用は困難で中小径材の活用にとどまることになる。この対策として、再構成材の整備により、中小径材から製造した大断面部材を活用することができるようになったのである。こうして現在、都市部での木材利用として大断面部材を用いた都市木造への期待が高まっている。都市部では、土地の有効活用から建物は、大規模化、高層化が必要である。木質材料と構造設計の技術は、高層建築も可能とした。Port Plus® (p.86) は、地上11階、高さ44mの純木造の高層建築である。耐震要素には、貫構造が応用されている。靭性は高いが初期剛性の低い貫構造に対して、高い靭性能を確保しながら初期剛性の向上が可能な金物接合が開発・整備されている。日本の木造建築では、垂直、水平の軸組構造が基本で、ブレースなどの斜材は構造的に合理的であっても避ける傾向にある。これからの軸組構造のスタンダードを目指したのが大阪・関西万博 大屋根リング (p.82) であり、幅30m、円周2000m、高さ12m/20mといった巨大な木造建築が、3.6mグリッドの貫構造の柱梁フレームのユニットで構成されている。部材断面の標準化とともに、接合部の性能に対応した多様性が、今後都市木造のスタンダードになることを期待している。柱梁で格子状に構成される必要最低限の構造形式は、仕上げ材と構造材が兼用可能な木材を用いた架構美の究極ともいえるだろう。

森から入手した木材を用いる木造建築では、森林資源の状況に応じた材料選択、構造計画をする必要がある。太い木、細い木をそのまま用いた木造建築、細い木から製造した太い木 (集成材) を用いた木造建築、森林資源の充実と木造建築技術の向上が、木造建築の可能性を広げている。

1 北海道	2 青森	3 秋田	4 岩手 (p.72)	5 宮城
星槎大学（旧頼城小学校）体育館 Seisa University (Former Raijo Elementary School) Gymnasium 1954	三内丸山遺跡 大型掘立柱建物 Sannai Maruyama Site Large Pillar-supported Buildings B.C.3900−2200（縄文時代）／1996（復元）	国際教養大学図書館棟 Akita International University, Library 2008 ［建］仙田満＋環境デザイン・コスモス設計共同企業体 ［構］増田建築構造事務所	大船渡消防署住田分署 Ofunato Fire Department Sumita Precinct 2018 ［建］SALHAUS ［構］佐藤淳構造設計事務所	塩竈市杉村惇美術館（旧塩竈市公民館）大講堂 Shiogama Sugimura Jun Museum of Art (Former Shiogama City Community Center) Hall 1957

 提供：星の降る里百年記念館（北海道芦別市）
 撮影：藤塚光政
 ©吉田誠
 撮影：腰原幹雄

6 山形	7 新潟	8 福島 (p.42)	9 茨城	10 栃木
シェルターインクルーシブプレイス コパル（山形市南部児童遊戯施設） Shelter Inclusive Place Copal 2022 ［建］大西麻貴＋百田有希／o+h ［構］平岩構造計画	カトリック新発田教会 Catholic Shibata Church 1965 ［建］アントニン・レーモンド	会津さざえ堂 Aizu Sazaedo Temple 1796（建立）	水戸市民会館 Mito City Civic Center 2022 ［建］伊東豊雄建築設計事務所／横須賀満夫建築設計事務所 共同企業体 ［構］Arup	道の駅ましこ Roadside Station in Mashiko 2016 ［建］原田真宏＋原田麻魚／MOUNT FUJI ARCHITECTS STUDIO ［構］Arup

 ©copal
 ©寺田デザイン事務所 寺田雄一、カトリック新発田教会
提供：山主飯盛本店
 撮影：中村絵
 ©株式会社ましこカンパニー

47都道府県 木造建築 MAP
Map of structures in 47 prefectures

本MAPでは、伝統的な木造建築から、工学的なアプローチの木造に至るまで、
古代から現代まで各時代の技術の粋として建てられた特筆すべき木造建築を選定した。
本書で模型を紹介している建築物以外にも、
各都道府県に1、2件の建築物を選定している。
是非実際に訪れていただきたい。

＊MAP内の建築物・施設には、
一般公開されていないものや、事前の見学予約が必要な場所があります。
訪問の際には各施設や自治体の公式情報をご確認ください。

［建］＝建築設計　［構］＝構造設計　記載のないものは不詳

11 群馬
群馬県農業技術センター
Gunma Agricultural Technology Center
2013
[建] SALHAUS
[構] 佐藤淳構造設計事務所

©矢野紀行写真事務所

12 富山 (p.68)
ストローグ社屋
Stroog
2022
[建] 原田真宏＋原田麻魚／
MOUNT FUJI ARCHITECTS STUDIO
[構] KMC（蒲池健）

撮影：新良太

13 富山
まれびとの家
House for Marebito
2019
[建] VUILD株式会社
[構] yasuhirokaneda STRUCTURE

©黒部駿人

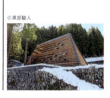

14 石川
金沢エムビル
Kanazawa M Building
2005
[建] -architect office- Strayt Sheep 長村寛行
[構] 腰原幹雄（東京大学生産技術研究所）、桐野康則

提供：腰原研究室

Chapter 1　木造の可能性　法隆寺から未来へ　97

15 埼玉
飯能商工会議所
The Hanno Chamber of Commerce and Industry
2020
[建] 野沢正光建築工房
[構] ホルツストラ

©SOBAJIMA, Toshihiro

16 東京
上野東照宮神符授与所／静心所
Ueno Toshogu Shrine Juyosho / Meditation Pavilion
2022
[建] 中村拓志＆NAP建築設計事務所
[構] 山田憲明構造設計事務所

17 東京
有明体操競技場（現：有明GYM-EX）
Ariake Gymnastics Centre
current name: Ariake GYM-EX
2019
[建][構] 基本設計・実施設計
監修・監理：日建設計
実施設計：清水建設・斎藤公男（技術指導）

18 千葉
笠森寺観音堂
Kasamori-Kannon Temple Main Hall
1028（建立）／1597（再建）／1960（復元）

©鈴木研一写真事務所

19 神奈川 (p.86)
Port Plus®
大林組横浜研修所
Port Plus® Obayashi Training Center
2022
[建][構] 大林組一級建築士事務所

©(株)エスエス
走出直道

20 長野 (p.58)
長野市オリンピック記念アリーナ（エムウェーブ）
Nagano Olympic Memorial Arena "M-WAVE"
1996
[建] 久米・鹿島・奥村・日産・飯島・高木設計共同企業体

提供：株式会社エムウェーブ

21 長野 (p.38)
松本城 天守（国宝）
Matsumoto Castle Tower
[National Treasure]
1594

提供：松本城管理課

22 山梨
茶室 徹
Tearoom Tetsu
2006
[建] 藤森照信

©清春芸術村

23 静岡
倫理研究所
富士高原研修所
Fuji RINRI Seminar House
2001
[建] 内藤廣建築設計事務所
[構] 空間工学研究所
一般公開なし

©吉田誠

24 岐阜 (p.44)
白川郷合掌造り民家・旧田島家
Gassho Style House in Shirakawa-go – Former Tajima House
1877–1886頃（明治10年代）

提供：白川村教育委員会

25 岐阜
みんなの森
ぎふメディアコスモス
'Minna no Mori' Gifu Media Cosmos
2015
[建] 伊東豊雄建築設計事務所
[構] Arup

撮影：中村絵

26 愛知
中国木材名古屋事業所
Nagoya C-Office Building
2004
[建] 福島加津也＋冨永祥子建築設計事務所
[構] 多田脩二構造設計事務所

©坂口裕康

27 福井
福井県年縞博物館
Fukui Prefectural Varve Museum
2018
[建] 内藤廣建築設計事務所
[構] 金箱構造設計事務所

©内藤廣建築設計事務所

28 滋賀
三井寺 光浄院客殿
（園城寺、国宝）
Miidera Temple Kojoin Kyakuden
(Reception Hall) [National Treasure]
1601（再建）

提供：三井寺

29 三重
伊勢神宮
皇大神宮（内宮）正宮
豊受大神宮（外宮）正宮
Ise Jingu Kotaijingu (Naiku) Shogu
Toyo'ukedaijingu (Geku) Shogu
皇大神宮（内宮）正宮：B.C.4（垂仁天皇26年）豊受大神宮（外宮）正宮：478（雄略天皇22年）

提供：神宮司庁

30 三重 (p.56)
海の博物館 展示棟
Toba Sea-Folk Museum Exhibition Hall
1992
[建] 内藤廣建築設計事務所
[構] 構造設計集団〈SDG〉

©内藤廣建築設計事務所

31 京都 (p.48)
旧峯山海軍航空基地格納庫
Former Mineyama Navy Air Corps Hangar
1941頃
一般公開なし

©ToLoLo studio

32 京都
清水寺 本堂（国宝）
Kiyomizu-dera Temple Hon do
(Main Hall) [National Treasure]
780（創建）／1633（再建）

提供：清水寺

33 奈良 (p.34)
東大寺 南大門（国宝）
Tōdai-ji Temple Nandai-mon
(Great South Gate) [National Treasure]
1199（上棟）

34 奈良 (p.34)
東大寺 大仏殿（国宝）
Tōdai-ji Temple Daibutsu-den
(Great Buddha Hall) [National Treasure]
751（創建）／1195・1709（再建）／1912・1980（修理）

提供：一般財団法人奈良県ビジターズビューロー
撮影：三好和義

35 奈良（p.32）
正倉院 正倉（国宝）
Shosoin Repository [National Treasure]
756

提供：正倉院事務所

36 奈良（p.30）
薬師寺 西塔／東塔（国宝）
Yakushiji Temple West Pagoda,
East Pagoda [National Treasure]
西塔：
730（創建）／1981（再建）
東塔：
730（創建）／2021（解体修理）

©Kenji Seo　提供：薬師寺

37 奈良（p.26）
法隆寺 五重塔（国宝）
Hōryūji Temple Five-storied Pagoda
(Goju-no-To) [National Treasure]
700頃（再建）

提供：便利堂

38 和歌山
金剛峯寺 金堂
Kongobuji Temple Kondo
819頃／1932（再建）

提供：金剛峯寺

39 和歌山
世界遺産 熊野本宮館
Kumano Hongu Heritage Center
2009
［建］香山建築研究所
設計協力：阪根宏彦計画設計
事務所
［構］ビー・ファーム
構造協力：手塚構造研究室

提供：熊野本宮観光協会

20 長野
長野市オリンピック記念
アリーナ（エムウェーブ）

24 岐阜
白川郷合掌造り民家・旧田島家

21 長野
松本城 天守

31 京都
旧峯山海軍航空基地格納庫

27 福井
福井県年縞博物館

15 埼玉
飯能商工会議所

22 山梨
茶室 徹

16 東京
上野東照宮
神符授与所／静心所

17 東京
有明体操競技場

25 岐阜
みんなの森
ぎふメディアコスモス

23 静岡
倫理研究所
富士高原研修所

19 神奈川
Port Plus®
大林組横浜研修所

33 奈良
東大寺 南大門

32 京都
清水寺 本堂

26 愛知
中国木材名古屋事業所

34 奈良
東大寺 大仏殿

35 奈良
正倉院 正倉

28 滋賀
三井寺（園城寺）光浄院客殿

18 千葉
笠森観音（笠森寺観音堂）

36 奈良
薬師寺 西塔／東塔

30 三重
海の博物館 展示棟

37 奈良
法隆寺 五重塔

38 和歌山
金剛峯寺 金堂

29 三重
伊勢神宮
皇大神宮（内宮）正宮
豊受大神宮（外宮）正宮

39 和歌山
世界遺産 熊野本宮館

Chapter 1　木造の可能性　法隆寺から未来へ　99

40 大阪 (p.82) 大阪・関西万博 大屋根リング Expo 2025 Osaka, Kansai, Japan The Grand Ring 2025 [建] 基本設計：藤本壮介 ＋東畑建築事務所＋梓設計 ©楠瀬友将 	**41** 兵庫 (p.17) 浄土寺 浄土堂 (国宝) Jodo-ji Temple [National Treasure] 1192 [建] 俊乗房重源 提供：浄土寺 	**42** 鳥取 三佛寺 投入堂 （三徳山三佛寺奥院、国宝） Sanbutsuji Temple, Nageiredō [National Treasure] 1086–1184 (平安時代後期)	**43** 岡山 銘建工業本社事務所 Meiken Lamwood Corp. Head Office 2020 [建] NKS2 architects [構] 桃李舎	**44** 島根 松江城 天守 (国宝) Matsue Castle Tower 1611 
45 島根 出雲ドーム Izumo Dome Stadium 1992 [建] KAJIMA DESIGN （鹿島建設株式会社 設計・エンジニアリング総事業本部） [構] KAJIMA DESIGN ＋ 斎藤公男 撮影：斎藤公男 	**46** 島根 出雲大社 本殿 (国宝) Izumo Oyashiro Shrine Honden (Main Sanctuary) [National Treasure] 1744 (再建) 	**47** 香川 (p.74) The Naoshima Plan 「住」 The Naoshima Plan "JU" 2023 [建] 三分一博志建築設計 事務所 [構] ホルツストラ 一般公開なし ©Sambuichi Architects 	**48** 徳島 上勝町ゼロ・ウェイスト センター Kamikatsu Zero Waste Center 2020 [建] 中村拓志＆NAP建築 設計事務所 [構] 山田憲明構造設計事務所 提供：株式会社 BIG EYE COMPANY 	**49** 広島 嚴島神社 大鳥居 Itsukushima Shrine Ōtorii (Grand Torii Gate) 1168 (建造) ／ 1875 (再建) 
50 山口 (p.40) 錦帯橋 Kintaikyo Bridge 1673 (創建) ／ 1674・1952 (再建) ／ 2004 (架替) 	**51** 愛媛 (p.52) 八幡浜市立日土小学校 Yawatahama City Hizuchi Elementary School 中校舎：1956 東校舎：1958・2009 (改修) [建] 八幡浜市役所土木課 建築係 松村正恒 [構] 腰原幹雄、 佐藤孝浩 (改修構造設計) ©大本幸和	**52** 高知 (p.62) 梼原 木橋ミュージアム 雲の上のギャラリー Yusuhara Wooden Bridge Museum 2010 [建] 隈研吾建築都市設計 事務所 [構] 中田捷夫研究室 ©太田拓実 	**53** 福岡 門司港駅 (旧門司駅) 本屋 Mojikō Station 1914 (竣工) ／ 2019 (保存修理) [建] 鉄道院九州鉄道管理局 工務課	**54** 大分 大分県立美術館 （OPAM） Oita Prefectural Art Museum 2015 [建] 坂茂建築設計 [構] Arup ©Hiroyuki Hirai 
55 佐賀 吉野ヶ里遺跡 Yoshinogari Ruins B.C. 2400–A.C. 250頃 (弥生時代) ／ 2001–2007 (復元) 	**56** 熊本 (p.54) 小国ドーム Oguni Dome 1988 [建] 葉デザイン事務所 [構] 松井源吾、森川義彦 撮影：井上一 提供：葉祥栄アーカイブ 	**57** 熊本 (p.76) エバーフィールド 木材加工場 Ever Field Wood Working Plant 2023 [建] 小川次郎＋小林靖＋池田聖太 [構] 山田憲明構造設計事務所 ©藤塚光政 	**58** 長崎 丘の礼拝堂 Agri Chapel 2016 [建] 百枝優建築設計事務所 [構] 荒木美香 (佐藤淳構造設計事務所) ©Yousuke Harigane 	**59** 宮崎 日向市駅 Hyugashi Station 2008 [建] 内藤廣建築設計事務所、 九州旅客鉄道・交建設計 [構] 川口衞構造設計事務所 ©内藤廣建築設計事務所 

60 鹿児島
屋久島町庁舎
Yakushima Town Office
2019
[建]アルセッド建築研究所
[構]ホルツストラ、坂田涼太郎構造設計事務所

61 沖縄
首里城 正殿
Shurijo Castle Seiden (Main Hall)
14世紀末（創建）／
1456・1671・1712（再建）／
1992（復元）／
2026（復元完了予定）

45 島根
出雲ドーム

46 島根
出雲大社 本殿

44 島根
松江城 天守

42 鳥取
三佛寺 投入堂（三徳山三佛寺奥院）

43 岡山
銘建工業本社事務所

41 兵庫
浄土寺 浄土堂

47 香川
The Naoshima Plan「住」

49 広島
嚴島神社 大鳥居

40 大阪
大阪・関西万博 大屋根リング

53 福岡
門司港駅（旧門司駅）本屋

50 山口
錦帯橋

51 愛媛
八幡浜市立日土小学校

48 徳島
上勝町ゼロ・ウェイストセンター

55 佐賀
吉野ヶ里遺跡

54 大分
大分県立美術館（OPAM）

52 高知
梼原 木橋ミュージアム 雲の上のギャラリー

56 熊本
小国ドーム

58 長崎
丘の礼拝堂

57 熊本
エバーフィールド 木材加工場

59 宮崎
日向市駅

60 鹿児島
屋久島町庁舎

61 沖縄
首里城 正殿

Chapter 1 木造の可能性 法隆寺から未来へ　　101

構造デザインの展開

Chapter

2

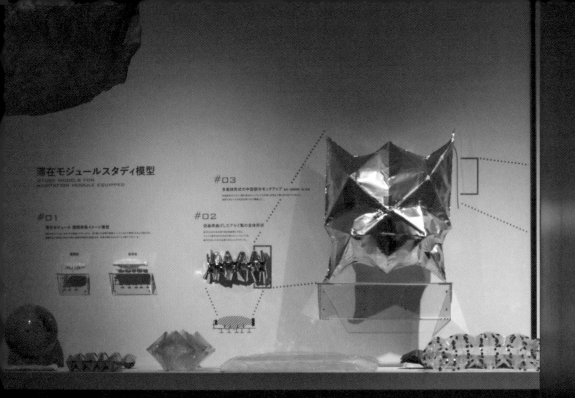

構造家とは、建物の安全性を確保するための構造設計を行い、
技術と自らの感性をもって構造をデザインする存在だ。
国立代々木競技場 第一体育館（1964年、p.19）は、
建築家・丹下健三と構造家・坪井善勝による作品で、
建築家と構造家の協働による最高傑作とされている。

1960年代から現代に至るまで、
日本ではこうした建築家と構造家によるコラボレーションが受け継がれ、
新たな建築空間を生み出す創造の過程における構造家の貢献により、
今日の豊かな建築文化が支えられている。

本章では、WHAT MUSEUM 建築倉庫が収録した
構造家へのインタビューを元に、
継承される構造家の思想と哲学に迫っていく。
また、次世代を担う構造家たちの紹介や構造デザインの他領域への展開、
そして構造デザインを宇宙空間で発展させた月面構造物に至るまで、
今後の構造デザインの展望を示していきたい。

© ToLoLo studio

Interview

佐々木睦朗

建築家と構造家の協働
自由で自然な構造の探究

スペインの構造家エドゥアルド・トロハは、『Philosophy of Structures』(構造の哲学、1958)の中で、
「構造物全体の誕生は、創造的な過程の結論であり、
技術と芸術、発想力と研究、空想力と感受性との融和であります。
[中略]そしてどんな計算より重要なところに着想(アイデア)があります」と述べている。
構造家、佐々木睦朗は、建築家と構造家の双方が刺激しあうコラボレーションの中で、
まさにその着想を展開し、新たな構造システムを構築し、歴史を刻む建築の創造と飛躍にたずさわってきた。

佐々木のこれまでの活動と、磯崎新、伊東豊雄、妹島和世、西沢立衛など
日本を代表する建築家たちとの協働についての紹介を通じて、より建築を自由にする、
創造的な構造デザインのあり方について考えていく。

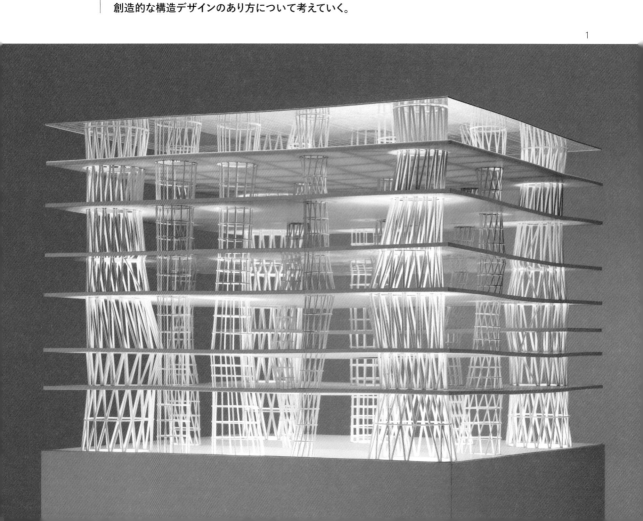

──「せんだいメディアテーク」(2000)の構造設計をはじめ、力学（理性）と美学（感性）を統合させた数理的な形態デザインの手法により先生の構造は世界的な評価を受けています。そうした手法が生まれるまでの経緯についてお聞かせください。

1960〜70年代、空間構造の分野では構造表現主義と呼ばれる建築デザインが一世風靡した時代があって、RC（鉄筋コンクリート）造の曲面状の板を外郭として用いるRCシェルであったり、吊り屋根による大空間であったりという新しい構造表現が世界的に注目されました。日本だと、丹下健三さん(1913-2005)と坪井善勝さん(1907-1990)のコンビでやられた「東京カテドラル聖マリア大聖堂」(1964)がRCシェルの代表作ですが、他にも「国立代々木競技場」(1964)のような鉄骨造の吊り屋根であるとか、そういう構造表現主義の建築が次々に出現した時代があります。

ところが、60年代の後半になると、大スパン建築の現場では型枠大工の賃金の高騰などで一品生産的な現場主体のRCシェルはなかなか実現が難しい時代になってきました。工業生産の可能な鉄骨造系の構造がだんだんと主流になり、より生産効率のよい構造方式に移行していったという時代背景もあります。また、新奇さを求める建築家の方も次第に意欲を失い、RCシェルによる構造表現は建築界において次第に衰退の道を辿るようになっていきました。

僕は名古屋大学出身ですが、学性時代はフェリックス・キャンデラ(1910-1997)の一連の優美なHPシェルに強く惹かれ、将来自分もこんな構造デザインができたらと夢見ていました。そこで大学院では当時シェル理論研究の第一人者として知られた松岡理先生(1926-2013)の研究室に進み主にシェル理論や解析手法を学びました。他方、学生時代からの延長で構造表現主義的なRCシェルにも関心を寄せていたのですが、卒業を控えていた時期にはすでにそうした動向は下火になっていて、実務ではもうRCシェルには関われないのではと落胆していたんです。

fig.1,2 せんだいメディアテーク
竣工年：2000年
建築設計：伊東豊雄建築設計事務所
構造設計：佐々木睦朗構造計画研究所
模型縮尺：1/50
模型所蔵：佐々木睦朗 (2005年)

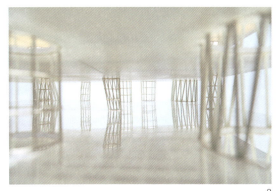

2

大学院修了後、松岡先生の紹介で木村俊彦先生(1926-2009)のところで働かせてもらうようになって。それが1970年のことです。当時はちょうど「霞が関ビルディング」(1968)なんかもできたばかりで、木村さんのところでも超高層建築を実現するための研究をやりはじめていました。それで僕もfortran（プログラム言語）を使って、超高層の振動解析プログラムや有限要素法による連続体解析プログラムをつくることをやっていました。そうしたプログラムの研究開発は後の僕の構造設計手法の構築にもすごく活かされる経験だったのですが、僕の心のどこかに常に"いつかRCシェルを復活させ、自由で新しい造形のRCシェルをやりたい"という強い思いが残っていました。

──その後、1980年に佐々木睦朗構造計画研究所を設立されて、1991年に「美和ロック玉城工場」(1990)で松井源吾賞を受賞されるなど、構造家としてのキャリアを重ねられます。

「せんだいメディアテーク」(以下、メディアテーク) (fig.1,2)のコンペのために伊東豊雄さん(1941-)と協働できたことは僕にとって一大転機となる出来事で本当に幸運でしたね。

伊東さんから最初に送られてきたスケッチを見たときは「これはまたすごい絵を描いてきたな……」と思いました。でも、よくよく見ると、あぁなるほど、と建築的にも構造的にも共感するところがあったんです。伊東さんの建築的アイデアを構造的に再構成するというか、増幅・強化していくことによって、実現できる可能性はあるなと感じました。それで、いくつか僕の方から構造的な提案をして、たとえば薄くて軽量な床は鋼製サンドイッチ版とすること、13本のチューブは鉛直支持だけの軽微なものと地震力にも抵

抗できる主要なものに分けて考えることなど、こういう考え方であればいけるということでスタートしたのがメディアテークのコンペです。

メディアテークの構造は、一見すると通常屋根に使われるシェル構造とはつながりがないように見えるんだけど、実は各階を縦に貫くチューブと呼ばれる13本のうち、四隅に設けた大径の鉄骨縦型ラチス柱は鉛直荷重だけではなく地階からのキャンチレバー（片持ち梁）として水平方向の地震力にも抵抗できる筒状のラチスシェル（格子状の骨組みで形成された曲面構造）の一種となっています。梁を持たない薄い鋼製フラットスラブ構造と、鉄骨縦型ラチスシェルによって空間をつくるという新しいドミノ構造が提案できたんです。自由でありながら、美しい、"自然に還っていくような構造"と言ったら良いのかな、たぶんここで僕がやるべきことはそういった構造をつくることなのだろう、とこの時に強く感じました。通常の柱や梁によるフレームの消失、非均質で多様な空間の創造、自然で自由な構造といったテーマが次の目標としてみえてきたのです。

fig.3　バカルディ・ビン詰め工場
建築・構造設計：フェリックス・キャンデラ（1958）

fig.4　ガウディ逆さ吊り構造実験模型

──　そこから、"自然に還っていくような構造"をご自身の構造設計の中で、どのように展開されていかれたのでしょうか。

自由で自然な構造のあり方というものを考えるなかで、シェル構造に関しても、あらためて考えを深める機会がありました。シェル構造については前にも述べたように、スペインに生まれ、メキシコで活躍した構造家、フェリックス・キャンデラが天才的な作品を残しています（fig.3）。彼が完璧なことをやり過ぎちゃったものだから、みんな感嘆したはいいものの、後に続くものが出てこなかった。シェル構造自体への世の中の関心も薄くなりそうだったのですが、もっと別のかたちでキャンデラを乗り越える空間構造があるんじゃないかと考えはじめたんです。

そのキャンデラの展覧会が日本で開催されることになって、展示と書籍の監修をすることになった建築家の齊藤裕くん（1947–）が、本人のところにインタビューにいくから、一緒に来てくださいと声をかけてくれたんです。それで1993年にキャンデラと対談したんだけど、その時に同じスペイン出身の建築家であるアントニ・ガウディ（1852–1926）の話になったんだよね。

ガウディはその建築のなかで、部分的にHPシェル構造に似た形態を取り入れています。キャンデラのように力学

fig.5 フィレンツェ新駅（コンペ案）
建築設計：磯崎新アトリエ
構造設計：佐々木睦朗構造計画研究所
模型縮尺：1/250
模型制作：株式会社 日南（2023年）
模型台制作：株式会社植野石膏模型製作所（2023年）
模型所蔵：建築倉庫

的な根拠があってのことではなく、あくまで空間の在り様としてやったものだと思うんだけど、キャンデラとそういう話になりました。でも、僕はその当時は過剰な装飾や奇怪な造形が目に付いてガウディは嫌いだと言ってしまったんです。そのことをキャンデラに言ったら、えらく怒られました（笑）。「君は構造家としてガウディのどこを見てるんだ、目を覚ましてよく見てきなさい！」って。それで、僕も根が素直なものだから、「はい！」って言ってすぐにスペインに行きました。そうして、いろいろ調べ出したら、おもしろいことがわかってきたんですね。とくにおもしろいと思ったのが、「感覚する構造－力の流れをデザインする建築構造の世界－」(2023-2024)の展示でも写真で紹介したコロニア・グエル教会の「逆さ吊り構造実験」(fig.4)です。

この「逆さ吊り構造実験」で、ガウディは、紐に錘を下げてできる曲線をモデル化して、柱の形や傾き、天井のアーチなんかの設計に応用しています。すごく形が束縛されてしまうようにも見えるんだけど、実際には満足のいく形が得られるまで何度も実験を繰り返す。最後に模型を天地反転することにより引っ張りを圧縮にすることで、圧縮に強い石や組積造建築には理屈としてもすごく合理的だし、重力には最適な構造形態なのです。このような手法をとることで、ガウディは構造的に合理的な形を先に生み出していった。設計方法論として独創的なだけじゃなくて、そこ

のところが構造的にすごいなと思ったんです。

―― 一般的な建築家と構造家の協働では、まず建築家がスケッチにより基本の形を構想して、そのスケッチの構造的な合理性を構造家が計算して確認していきます。ガウディの方法論はそれとは異なるものだったと。

そういうことです。そのことを磯崎新さん(1931-2022)に話したところ、「佐々木くん、そうなんだよ」っておっしゃられたんですよね。ガウディが本当にすごいのは、建築設計の手法そのものを変えたことにあると。先に構造的な合理性をもった形や理論を見つけて、それを建築家が総合的に完成させていくことができれば、すごく革新的なものが生まれると、その時にヒントを得たんです。

それ以前に磯崎さんとやった北京の「国家大劇院（コンペ案）」(1998)では、磯崎さんが風水の考え方からうねった形の屋根を着想され、スプライン曲面で表した任意曲面の屋根を通常のFEM解析（物体や構造物を小さな要に分割し、各要素の性質を数値化して計算すること）を繰り返して求める作業をしていました。でも、それだと明確な目標が定められないまま構造解析を繰り返すだけで非常に効率が悪くらちが明かない。そうした苦い経験もあり、なんとかもっと合理的な手立ては考えられないかと思っていたとこ

Chapter 2　構造デザインの展開　107

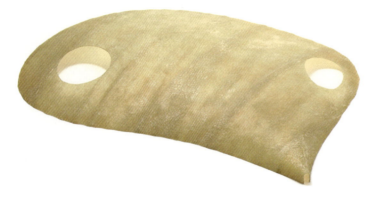

fig.6 豊島美術館
竣工年：2010年
建築設計：西沢立衛建築設計事務所
構造設計：佐々木睦朗構造計画研究所
模型縮尺：1/50
模型制作・所蔵：西沢立衛建築設計事務所

fig.7 あなぶきアリーナ香川（香川県立アリーナ）
竣工年：2024年
建築設計：妹島和世＋西沢立衛／SANAA
構造設計：佐々木睦朗構造計画研究所
模型縮尺：1/100
模型制作・所蔵：妹島和世＋西沢立衛／SANAA（2021年）

ろ、1999年に運よく母校の名古屋大学教授として招請され教育研究の場を得ることで、念願の自由曲面シェルの研究開発が大きく進展することになりました。

先の北京のコンペのリベンジとして、だったらガウディに倣って模型実験に替わって、現代最先端の情報技術を利用し適切なアルゴリズムを考案することによって、先に構造的に合理的な自由曲面の形を見つけようと。あとはそれに基づいて建築家と一緒に具体的なデザインに落とし込んで行ければ良いんじゃないかと考えたわけです。こうして大学の研究室では自由曲面シェルの最適な構造形態を得るアルゴリズムとして、Z座標を設計変数、ひずみエネルギーを評価関数とする感度解析手法の開発に2001年に成功。その実用化のチャンスを最初に与えてくれたのも磯崎さんでした。岐阜の「北方町ホリモク生涯学習センター きらり・岐阜県建築情報センター」（2005）の屋根はRC自由曲面シェルを応用した最初の事例です。その後、伊東さんやSANAAともRC自由曲面シェルの建築を手がけ、今では合計で6作品になります。

次に磯崎さんはもうひとつのおもしろい話をされました。中国の庭園でよく見かける太湖石という石の写真を僕に見せて「佐々木さん、こんなのはできませんか？」とおっしゃった。太湖石は太湖（洞庭湖）で採れる石灰岩の奇石で、自然に出来上がるものもあるんですけど、四角く切り出した石灰岩に石工棟梁が所々切り込みを入れて、湖の底にふたたび埋め、150年後に引き上げるというものです。ここでおもしろいのは、石工棟梁たちは、「このあたりに切り込みを入れると、150年後にはきっとこんな形になる

だろう」と、芸術的なセンスや経験値から形を予測していた。それは初期値をつくるのと同じことで、基本的には浸食作用を考慮した初期値がきっちりできれば、最後にできた形もそれなりのものにはなるだろうって。磯崎さんは太湖石の写真を通じて、僕にそういうことを暗示していたんじゃないかと思ったんです。

そうしたアイデアを取り入れたものが、「フィレンツェ新駅（コンペ案）」（2002、fig.5）です。太湖石のように侵食され

て変化していく形を、拡張ESO法(進化論的構造最適化手法)という三次元立体の形態解析を使って理論的に導くというもので、屋根を支えるグニョグニョとした不思議な形の構造体が出来上がりました。磯崎さんが「おもしろい！」って喜んじゃって、こうして創生された構造をFLUX STRUCTUREと命名してくれました。これは実現されませんでしたが、「カタール国立コンベンションセンター」(2011)で実作として身を結びました。

── SANAA／妹島和世さんや西沢立衛さんとの協働の様子も教えてください。

はじめて会ったのは今から30年前にお二人が共同で事務所をもったばかりの頃で、僕より10〜20歳も年下の若手建築ユニットとの協働をスタートしました。当初はどう付き合っていったら良いか若干戸惑いを感じましたが、ここは年の功というか兄貴分として振舞うことにしました。ところが代表作「金沢21世紀美術館」(2004)まで何度か協働作業を進めるにつれ、これはとんでもない才能の建築ユニットであることに気付きました。感性の鋭い妹島さんの建築イメージを論理に強い年下の西沢さんが冷静にフォローするという印象から、お互いがより自己主張する強力なユニットに次第に変わっていったように思い

ます。そうして金沢21世紀美術館を代表とする骨組構造の系譜において、かつてのミース・ファン・デル・ローエ(1886-1969)の鉄とガラスの建築を現代的にブレークスルーする抽象性の高い建築デザインを協働できる最高のパートナーとして認識するようになったのです。一方、西沢立衛さんとの「豊島美術館」(2010)では空間構造の系譜において、構造表現主義時代の幾何学的RCシェルをブレークスルーする、僕の理想とする自然で自由なRC自由曲面シェルを実現することができました(fig.6)。

妹島さんは生来芯が強く頑固だけど、一方で天真爛漫な方で、プロジェクトによってはいとも簡単に自分の案をひっくり返し、さっきまでこう言っていたと思ったら、それじゃダメだとかいって次から次へと自己否定をしていくんだよね(笑)。僕にもそういうところがあるのでよく分かるんだけど、妹島さんの場合どんどん考えを更新していくというか、より考えをスムーズにするために、柔軟に自らの案や考えを変えることのできる建築家ですね。

それと、SANAAが良いのは大きな模型をつくってくれるところです。模型を見れば、大体のことはすぐに分かっちゃうんですよね。建築あるいは構造としておもしろいか、おもしろくないかとか、どこに欠陥があるかとか、そういったことを目の前の模型を見ながらお互いにその場でパ

fig.8 パンテオン
創建：マルクス・ウィプサニウス・アグリッパ
再建：ププリウス・アエリウス・トラヤヌス・ハドリアヌス

提供：八木祐理子

パーツと言って、不要な部分を取っちゃったりとかして。そうすると、少しの時間でどんどん良くなっていくんですよね。そういったやり取りは模型があってのことで、打ち合わせはすごくやりやすかったですね（fig.7）。

基本的には自由で柔軟な思考の持ち主と馬が合うんですよね。盟友の難波和彦さんが代表的ですけど、長年のパートナーである磯崎さん、伊東さん、SANAAのお二人もそうで、建築家の素養として一番大事だと思います。人間同士が一緒にコラボレーションしていくんだから、ひとつの考えに縛られずに、お互いに自由で柔軟でいられることは大事なことですよね。だから、そういう意味で、相手と本当に馬が合うかどうかはとても重要です。馬が合う人だと、案がひっくり返されたって腹も立たない。でも、馬が合わない人だとそうはならない。そういう人たちと出会えたのは本当に幸運で感謝以外ありませんね。

—— お話しのなかで、"自然に還っていくような構造"とありましたが、構造デザインを系譜的に捉えられる佐々木先生の歴史観はユニークなものだと思います。それらは、

ご自身の設計のためのリサーチや後進育成の過程で培われていったものなのでしょうか。

いつも講演で話していることなのですが、建築の長い歴史を振り返った時、すごく大雑把に言うと、基本の構造は大きくふたつしかないんですよね。ひとつは木造の樹上住居を起源とするもので、もうひとつは自然の洞窟を利用した洞窟住居を起源とするものです。

前者は、木造や組石造のマグサ構造を経て、柱と梁による骨組構造の系譜の建築物に発展していきます。紀元前5世紀頃にはギリシアの「パルテノン神殿」がその規範として後のヨーロッパの建築様式に大きな影響を与えていきました。後者の発展形は壁と天井が一体となった柱のない内部空間をもつドームのような空間構造の系譜ですね。たとえば、紀元2世紀にローマに「パンテオン」（fig.8）という、煉瓦と無筋コンクリートによる直径43mもの素晴らしい大規模なドーム建築がつくられました。これも産業革命によるコンクリートや鉄など近代的な工業材料が生まれ、近代的なRCシェルの建設が可能になる20世紀初頭まで、それを超えるような規模のドームは生まれていません。

古代のロマネスクから中世のゴシック、近世のルネサンス、近代のモダニズムと様々な建築様式が誕生していきますが、そういう流れの中でも、同じように骨組構造と空間構造というふたつの系譜が建築の構造形式として展開されてきているんですね。つまりそれは、ふたつの構造の系譜がまだ進化の過程にあるというふうにも捉えられるわけです。それぞれにまだ先がある、可能性があるってことなんですね。

たとえば近代を代表するミース建築はそれまでの建築の考え方を覆すような画期的なものでした。完成された機能と美しさをもっていて、それを突破できるような建物は後世でもそうそう出てこないだろうって思われていますよね。積層していくという考え方の最高地点に達したと。でも、その結果、みんながそれに倣おうとして、資本主義経済の中で画一的な建築が増えていった。ミースが目指したのは壁も柱もなく、空間を自由に使えるユニバーサル・スペースだったけれど、それを表面的に真似た建築はある意味自由を奪われているわけですよね。でも、ほんとうはもっと違ったあり方があるんじゃないか、もっとランダムで自由な展開の仕方もあるなっていうことに、金沢21世紀美術館やメディアテークの設計を通じて気が付いたんです。

メディアテークもタイプとしては木の延長、積層していくような一種の骨組み系です。床があって、空間があって、そこで活動するような。オフィスとしてはすごく不均質だけど、でもすごく自由な発想でつくられたユニバーサルな空間を実現しています。伊東さんの言葉を借りると「自由で多様なあり方があっていいんじゃないか」っていう、そういう建築の概念とピタッと合ったのがメディアテークの構造だったんですよね。

歴史観ということで言えば、2001〜2002年にかけて、『GA JAPAN』で「モダンストラクチャーの原型」という連載をやらせてもらったんですが、そこで歴史の振り返りをしていたのが、教養としてはすごくプラスになってはいると思います。たとえば先ほどのガウディやミースの話もそうですが、今見えていることだけじゃなくて、長いタイムスパンの中で物事を考えることは必要なことだと感じます。一見まったく正反対の建築家や構造家の思想を自分の視点から比較することができるとかね。そういった視野というのは、自分の設計にとってもプラスになっているかもしれません。

僕はポストモダン全盛の時代に独立したんですが、その当時はお茶やお花、小唄に三味線など日本の伝統芸事に一時はまっていたことがあり、構造的に不合理な張りぼて建築には与したくない、やりたくないことはやらないと世を拗ねて与太郎のような生活を送っていました。でも今思えばその時の体験を通して日本文化独特の「間」つまり余白の重要性を自らの身体を通して理解できるようになったと思います。

世阿弥の「風姿花伝」に出会ったのもその頃です。初心忘るべからず、とは字義通り初心に戻るという意味ではなく生涯芸道において新しさを求め続ける姿勢であり、デビューしたての珍しきが花の時代から最後の老成したまことの花に至るまでの人生訓で、僕の座右の銘となっています。何を言いたいかというと、一時的な流行を追うのではなく本当に自分がやりたいことを一所懸命やるのが一番だということです。

最後にもうひとつ、長い構造家人生で何度か幸運の女神がほほ笑むビッグチャンスが訪れますが、その偶然とも思えるチャンスは絶対に逃さないことです。たとえば本稿の冒頭に話した伊東豊雄さんとのメディアテークのコンペは僕にとってまさにビッグチャンスであり、死に物狂いになって実現に向けて格闘しました。それともうひとつ、1999年に名古屋大学から教育研究の場が与えられ、念願の自由曲面シェルの研究開発を進めることができたことは本当に大きな飛躍となるものでした。その結果、数年後には磯崎さん、伊東さん、SANAAと協働して一連の自由曲面シェルの建築作品を実現することができ、2023年のトロハメダルの受賞へとつながっていったのです。こうしたチャンスはどうなるか最初は全く予測が立たないけど、とにかく諦めることなく無我夢中で取り組んでいるうちに先が見えてくるものです。

fig.9 「感覚する構造-力の流れをデザインする建築構造の世界-」(2023-2024) 展示風景 「建築家と構造家の協働」をテーマに佐々木睦朗と建築家 磯崎新、伊東豊雄、妹島和世、西沢立衛の協働による作品を紹介した。

佐々木睦朗 (ささき・むつろう)
1946年、愛知県生まれ。構造家。1968年名古屋大学工学部建築学科卒業、1970年名古屋大学大学院工学研究科修士課程修了後に木村俊彦構造設計事務所勤務。1980年に佐々木睦朗構造計画研究所設立。1999年名古屋大学大学院工学研究科教授、2004年法政大学工学部建築学科教授、2016年法政大学名誉教授。1991年松井源吾賞、2003年日本建築学会賞、2023年トロハメダル受賞。合理的で美しい空間構造物を作ることから"デザインする構造家"と言われ、磯崎新、伊東豊雄、SANAAらと多数の協働を行う。構造設計の主要作品として、「国際情報科学芸術アカデミーマルチメディア工房」(1996)「せんだいメディアテーク」(2000)「札幌ドーム」(2001)「ルイ・ヴィトン表参道ビル」(2002)「金沢21世紀美術館」(2004)などがある。2024年『佐々木睦朗作品集 1995-2024 構造デザインの美学』を刊行 (グラフィック社)。

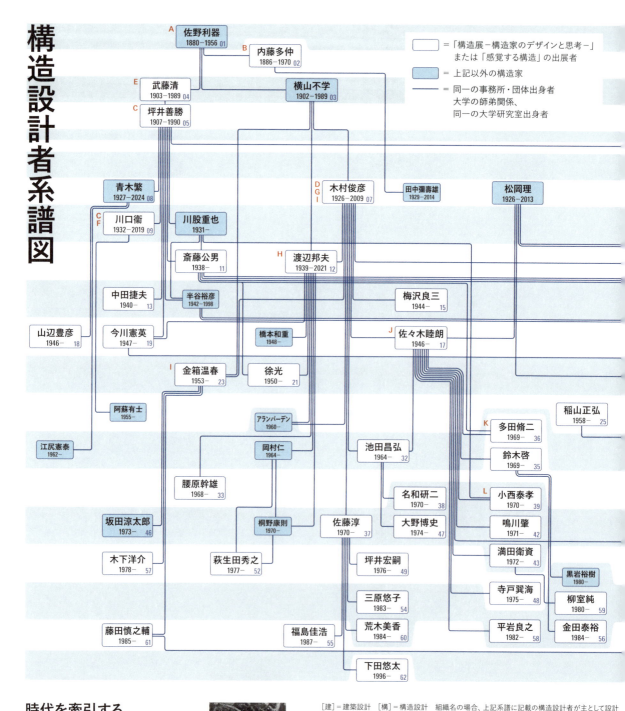

構造設計者系譜図

時代を牽引する構造家たちが設計した建物

[建] = 建築設計　[構] = 構造設計　組織名の場合、上記系譜に記載の構造設計者が主として設計を担った作品はその名前を（ ）に記した
A 東京中央停車場（1914）[建] 辰野金吾 [構] 佐野利器　**B** 東京タワー（1958）[建] 日建設計 [構] 内藤多仲　**C** 国立代々木競技場 第一体育館（1964）[建] 丹下健三＋都市・建築設計研究所 [構] 坪井善勝研究室（坪井善勝、川口衞）　**D** 国立京都国際会館（1966）[建] 大谷幸夫 [構] 木村

A 提供：土木学会附属土木図書館　B Licensed by TOKYO TOWER　C 撮影：斎藤公男　D 提供：鹿島建設株式会社　E 提供：太陽工業株式会社

近代に構造分野が確立して以降、構造家たちの技術と思想は、現在に至るまで脈々と受け継がれ、次世代の建築を生み出す原動力ともなっている。ここでは代表的な構造家たちの活動や思想を、系譜図とともに紹介する。

*本図は、「構造展－構造家のデザインと思考－」(建築倉庫ミュージアム、2019)で作成された系譜図の情報をもとに、本書で紹介している「感覚する構造－力の流れをデザインする建築構造の世界－」(WHAT MUSEUM、2023–2024)出展者、「感覚する構造－法隆寺から宇宙まで－」(WHAT MUSEUM、2024)出展者、並びに「松井源吾賞」「構造デザイン賞」受賞者を系譜にしたものです。

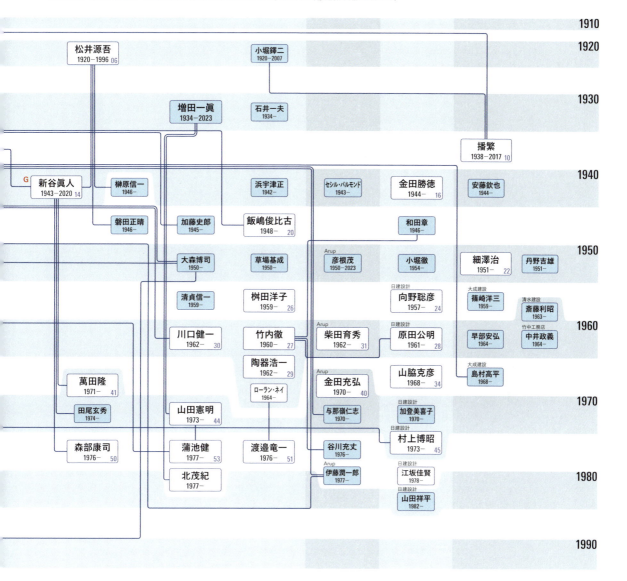

俊彦構造設計事務所(木村俊彦) E 霞が関ビルディング(1968)［建］三井不動産、山下寿郎設計事務所(現：山下設計)［構］武藤清 F 日本万国博覧会 富士グループパビリオン(1970)［建］村田豊建築設計事務所［構］川口衞構造設計事務所(川口衞) G 葛西臨海公園展望広場レストハウス(1995)［建］谷口建築設計研究所［構］木村俊彦構造設計事務所(木村俊彦)、オーク設計事務所(新谷眞人) H 東京国際フォーラム(1996)［建］ラファエル・ヴィニオリ建築士事務所［構］構造設計集団〈SDG〉(渡辺邦夫) I 京都駅ビル(1997)［建］原広司＋アトリエ・ファイ建築研究所［構］木村俊彦構造設計事務所(木村俊彦、金箱温春) J せんだいメディアテーク(2001)［建］伊東豊雄建築設計事務所［構］佐々木睦朗構造計画研究所(佐々木睦朗) K 中国木材名古屋事業所(2004)［建］福島加津也＋冨永祥子建築設計事務所［構］多田脩二構造設計事務所(多田脩二) L 神奈川工科大学KAIT工房(2008)［建］石上純也建築設計事務所［構］小西泰孝建築構造設計(小西泰孝)

G © Takahiro Yanai   H 提供：腰原幹雄   I © 金箱構造設計事務所   J 提供：せんだいメディアテーク   K © 坂口裕康   L 提供：神奈川工科大学 KAIT工房

Chapter 2　構造デザインの展開　113

構造家の言葉と略歴

2019年「構造展−構造家のデザインと思考−」で撮り下ろした構造家へのインタビュー映像などをもとに、構造家の言葉を紹介する。

建築家の創造を
具現化するために
できる限り支援する。

設計とは欠陥だらけの材料を用いて
欠陥だらけの人間が集まって
欠陥だらけの基準に沿って
なんとか欠陥の少ない
できるだけ完全に近い構造物を
作るべく努力することである。
——木村俊彦 07

── 坪井善勝 05

建築の美しさは
構造的合理性の近傍にある。

構造設計から研究テーマを、
研究結果を設計へというのが
私の信条である。

この程度のことが、構造計画といわれているが、
これは学ではなく術である。
術ではなく学であるためには数学と力学
(どちらも学がついている)によって考察された
〈形〉の提言でなければならない。 ──松井源吾 06

構造デザインとは単なる知識や技術の機械的な適用ではなく、
五体、五官を総動員して行なう、全人格的な作業である。

「感性」も、造形感覚のような視覚的、感触的感性だけではなく、
自分が設計している構造が、本当に期待通りに機能を発揮してくれるだろうか、
という「概念」も含めた、ものづくりとしての全感覚を
意味しているつもりである。 ──川口衞 09

構造家は、図面で描いた1本の線が
断面になって柱になって梁になって、
実際に地震や台風が来た時に
倒れないことを保証する
命がけの仕事だが、
実はその中にはものすごい面白さや
楽しさがあることを伝えたい。
──斎藤公男 11

──中田捷夫 13

こっそりと自分で工夫を潜ませておいて、
内心ニヤッとしている、そういう要素は
住宅1件設計する中でも必要なんじゃないか。

素材や外力系が変われば
とんでもなく違った建築が生まれる。

建築において巨大構造、
高さ競争だけが
評価されるのではない。
小さくても
本当に大切なものがある。

21世紀は、
自然科学と人文科学が
ドッキングして
1つの考え方になる。

感性が構造デザインの中で
最も重要だということは
前からわかっていたんだけれども、
周りの人はそれを理解していなかった。
──渡辺邦夫 12

まず建築家の
「何がやりたいか」ということがあって、
それにフィットする構造を提案していく。

若い建築家は試行錯誤的に部分を見るのではなく、
全体として構造を捉える見方を獲得しなければならない。
──新谷眞人 14

構造家は、建築デザインそのものが理解できなければならない。
住宅は命を守る砦だ。人間にとって重要な拠点だ。
それが30年で建て替わり、
住宅ローンを払い続けるという流れを誰かが断ち切って、
頑丈なシェルターを作り、
何世代にも渡って使い続けなければいけない。　——梅沢良三[15]

——金田勝徳[16]

パッと見て理解できない構造よりも、
"見てわかる構造"に美しさを感じる。
どんな構造にでも、自分だけの工夫を
一つずつプラスしながら前に進みたい。

——佐々木睦朗[17]

自分の武器を
持たない者は
自由を獲得するなど
できるはずがない。

一見実現不可能に見えるスケッチに
シンパシーを感じた。
建築家の類稀なるアイデアに対して
構造家として責任を持ってレスポンスする。
それが建築家や構造家の飛躍に繋がる。

大工は本来ならば
つくる技術に加えて、
解体する技術も持っているので、
移築も可能である。
資源と技術を継承・循環させながら
工夫を加えていく。
災害の多い日本の環境対応として、
最も必要不可欠なことだと思う。
——山辺豊彦[18]

私は構造家だが、部分的には建築家でもある。
——徐光[21]

依頼されたときに構造システムが決まっているいないに関わらず、
一体この建築は何を実現するために存在するのかをもう一度考えたい。

構造デザインには絶対的な解はないが（個別性）、
力学という絶対的なルールがある（普遍性）。
構造のシステムを作ることは、構造解析の問題を作ること。
上手な問題をつくらないとスマートな解が得られない。

同じ建築家と何度も仕事をしたとしても、
いつも真剣勝負になれるかどうかが重要。　——金箱温春[23]

——稲山正弘[25]

日本の森林資源を
もう一度手入れして、
植林して、
次の世代に受け渡すことが
できるような
木造を考えるべきだ。

直感は、そのときの自分の感覚であって、
それは常に補正していかなくてはならない。

単純な計算を何度もやる。繰り返してやる。
全部手計算です、僕は。　——向野聡彦[24]

Chapter 2　構造デザインの展開　115

構造家は計算屋ではない。
力の原理を理解した上で
建築家とコミュニケーションをして、
自然の声を伝えながら
どうやって形を作っていくか。

実際に物を作って、物がどうやって壊れるのかを
学ばないといけない。　──竹内徹27

構造は人を元気にする仕事。
頭で考えるのではなくて
等身大で考える。

建築はモノじゃなくて、コト。
そこで起こる出来事が建築だと思う。
ただ、コトが起こるには
モノがないといけない。
僕たちはモノをつうじてコトを考える。

──陶器浩一29

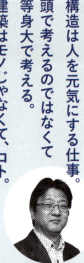

若い頃は構造を魅せることに
情熱を注いだが、
今では構造がどうなっているか
わからないくらいがいいと
思うようになった。
──柴田育秀31

現代において構造システム自体から
建築を変えることは難しい。
これからは施工性からの提案が
建築を変えていく可能性がある。
──多田脩二36

建築家と構造家の
コラボレーションの瞬間。
建築計画・構造計画を、
互いに考えをぶつけ合いつつ、
施工やコストなど
様々な課題をあぶり出す
ワクワクするひと時。
──山脇克彦34

いまある幾何学に
どんな構造デザインが
仕込めるかを
探すのは楽しい。

構造デザインを考えることは、
建築家が無意識に思っている
構造を探り、言い当てるような
作業のように思う。
──佐藤淳37

構造に求める性能が
高度になってくると、
製品化され、品質が保証され、
それでないとレベルが低いから
使えないということになる。
そうすると施工できる人が限られ、
普通の人が働くことすら
できない社会になる。
そのことが、
高度ではない構造の選定に
関わっている。
──名和研二38

最初に構造を決めるのではなく、
構造の決め方を決める。
構造の合理性だけを考えるのではなく、
別の分野の合理的な判断で
建築全体としていいものになるのであれば、
構造に非合理性を許容してもよいと思う。
──小西泰孝39

地元の材を使って、地元の大工さんたちに
ここでしかできないものを作ってもらう。
それが建物が長く愛されるコツだと思う。
──金田充弘40

ディテールを減らすことで、美しさが出る。
最後は建築家に委ねる部分が大半だが、
僕らのせいで美しくできなかった
と言われたら悔しい。
──満田衛資[43]

生産者や環境のことも含めて
構造設計をしないと、
プロジェクトを解ききった感じがしない。
林業の人だけでなく、大工さんや
プレカット屋さん、あるいは木材の研究者など
いろいろな人の知見がないと、
いい木造はできない。

木は構造材料として
万能な材ではないが、
加工がしやすいため、
小さい部材を繋げて使うための
様々な接合方法が存在し、
結果様々な構造の
バリエーションが生まれる。
──山田憲明[44]

物にはヴォリュームに応じて
適切なプロポーションがある。
構造デザインは、色々なプロセスを経た結果、
あり方として美しいのが望ましい。
構造を決める条件を建築家と一緒に整理していく。
──大野博史[47]

世界有数の地震国である日本では、
必要とされる耐震性能と
建築空間の豊かさとが
対立し易い土壌がある。
いつ来るかどうか分からない
自然災害に対する万が一の備えと、
建物の寿命の内の大半を占める
日常を豊かにするための空間づくり。
そのバランスを取って建築が成立するためには、
耐震性を始めとする
必要性能を満たすことは勿論のこと、
それ以外の様々な建築的合理性に対して
構造がいかに歩み寄れるかに
かかっていると考えている。
──坪井宏嗣[49]

なんとなく建築家が
イメージしている空間の中で、
力が流れていくところを
見つけて骨組みにいれていく。
──森部康司[50]

素材によって空間の成り立ちが大きく変わるので、
素材について初期の段階で施主に説明をしている。
エンジニア自ら伝えるというのは、
安心材料になると思うので、
できるだけ建築家と一緒に
施主に説明するようにしている。
──萩生田秀之[52]

建築か土木かというのは
僕の中では大きな違いはない。
むしろ形をピュアにつくりたい。
技術的に新しいことやりたいとか、
見たことない形をやりたいとかではなく、
適正なデザインをしたい。
その場所にあるべき形を
予算の中で作るということが
僕たちの使命だ。
──渡邉竜一[51]

「制約」とは、決してネガティブなものではなく、
プロジェクトを大きく飛躍させてくれる場合が
ほとんどである。「制約」と真摯に
向き合えば向き合うほど、
そこでやるべきことが見えてくると
言っても良い。
──金田泰裕[56]

Chapter 2 構造デザインの展開　117

01 佐野利器
さの・としかた

1880−1956年
東京帝国大学卒業後、鉄骨構造や鉄筋コンクリート構造の研究に力を注いだ耐震構造建築の第一人者。代表作に日本初の鉄骨構造建築「丸善書店」、研究に「家屋耐震構造論」など。

02 内藤多仲
ないとう・たちゅう

1886−1970年
東京帝国大学卒業後、早稲田大学で教鞭を執る。代表作に「名古屋テレビ塔」「大阪通天閣（2代目）」など、70を超える鉄塔の設計を手がけ、塔博士とも呼ばれる。著書に『建築と人生』（鹿島研究所出版会）など。

03 横山不学
よこやま・ふがく

1902−1989年
東京帝国大学卒業後、内閣技術院参技官などを歴任し独立。文化事業を目的とする公共建築の設計の多くに参画。代表作に「東京文化会館」「東京都美術館」「熊本県立美術館」「国立西洋美術館」など。

04 武藤清
むとう・きよし

1903−1989年
東京帝国大学卒業。関東大震災を経験後、耐震建築の研究を始め、耐震設計の実用化に貢献。日本の超高層建築時代を切り拓いた。代表作に日本最初の超高層建築「霞が関ビルディング」など。

05 坪井善勝
つぼい・よしかつ

1907−1990年
東京帝国大学大学院卒業後、東京大学生産技術研究所などで教授職を歴任し、シェル構造研究の第一人者として後進育成に携わる。丹下健三と協働し「国立代々木競技場」「東京カテドラル聖マリア大聖堂」などの設計を行った。

06 松井源吾
まつい・げんご

1920−1996年
早稲田大学卒業後、同大学で教鞭をとり、菊竹清訓はじめ著名な建築家と協働し数多くの建築を生み出す。研究開発した工法も多数。松井源吾賞を創設し、構造エンジニア、構造設計者らの育成と地位の向上にも力を注いだ。

07 木村俊彦
きむら・としひこ

1926−2009年
東京大学卒業後、前川國男建築設計事務所、横山構造設計事務所を経て、独立。構造設計の業績で76年日本建築学会賞を受賞。構造設計者の地位を築く。主な作品に「京都国立国際会館」「梅田スカイビル」「京都駅ビル」など。

08 青木繁
あおき・しげる

1927−2024年
東京大学大学院在学中から坪井善勝研究室で構造設計に従事しRCシェル構造やPC、PS構法の技術開発も行いながら、法政大学にて教鞭を執る。「大石寺正本堂」「静岡新聞社」「沖縄コンベンションセンター」など。

09 川口衞
かわぐち・まもる

1932−2019年
東京大学大学院修了後、坪井善勝の下で「国立代々木競技場」の構造設計に参画。構造と造形のあり方や新しい構造技術を主眼に設計を展開。主な作品に日本万国博覧会「富士グループパビリオン」「お祭り広場大屋根」など。

10 播繁
ばん・しげる

1938−2017年
日本大学卒業後、鹿島建設などを経て独立。丹下健三氏と協働し「赤坂プリンスホテル新館」「フジテレビ本社ビル」などの構造設計に参画。「SE構法」の開発をして木造住宅の耐震化にも取り組んだ。

11 斎藤公男
さいとう・まさお

1938年−
日本大学在学中に坪井善勝の下で学びB・フラーに魅了される。卒業後も同大学で教鞭を執りながら多数の作品に関わった張弦梁構造の第一人者。代表作に「出雲ドーム」「岩手県営体育館」「ファラデーホール」など。

12 渡辺邦夫
わたなべ・くにお

1939−2021年
日本大学卒業後、構造設計集団〈SDG〉を主宰。「東京国際フォーラム」「幕張メッセ」「横浜港大さん橋 国際客船ターミナル」「921地震教育園区」「上海テニスセンター」など国内外で多数の構造設計を手がけた。

13 中田捷夫
なかた・かつお

1940年−
日本大学卒業。坪井善勝研究室にて構造設計を担う。大空間構造、壁式構造、大断面構造を中心に構造設計活動を展開。主な作品に「伊王野ゴルフクラブ」「岡本太郎記念館 母の塔」「ANA格納庫」「雲の上のギャラリー」など。

14 新谷眞人
あらや・まさと

1943−2020年
早稲田大学大学院修了後、木村俊彦構造設計事務所、梓設計を経て独立。主な作品に「葛西臨海公園展望広場レストハウス」「宮城県図書館」「宇土市立宇土小学校」「TOD'S表参道ビル」など。

15 梅沢良三
うめざわ・りょうぞう

1944年−
日本大学卒業後、木村俊彦、丹下健三の事務所を経て独立。主な作品に「湘南台文化センター」「渋谷道玄坂歩道橋」「鳥取フラワーパーク」「彩の国くまがやドーム」「IRON HOUSE」「三重県立熊野古道センター」など。

16 金田勝徳
かねだ・かつのり

1944年−
日本大学卒業後、石本建築事務所などを経て構造計画プラス・ワンを主宰。日本構造技術者賞（JSCA賞）、松井源吾賞、日本建築学会賞受賞。主な作品に「酒田市体育館」「埼玉県立大学」「洗足の連結住棟」など。

17 佐々木睦朗
ささき・むつろう

1946年−
名古屋大学大学院修了後、木村俊彦構造設計事務所を経て独立。合理的で美しい空間構造物をつくることから"デザインする構造家"の異名をもつ。磯崎新、伊東豊雄、SANAAらとの協働により数々の作品を手がけた。

18 山辺豊彦
やまべ・とよひこ

1946年−
法政大学卒業後、青木繁研究室を経て独立。様々な構造設計に加え、在来軸組構法については、実物大の構造実験などを行い、多数の受賞と著作を残す。設計者・施工者・学生向けの木構造の教育普及にも携わる。

19 今川憲英
いまがわ・のりひで

1947年−
日本大学卒業後、構造設計集団〈SDG〉を経て独立。300人以上の建築家やデザイナーと、2,400件のプロジェクトを実施。「横浜赤レンガ倉庫」耐震改修や「ガラスと鋼の耐震システムISGW」など建築の長寿命化を推進。

20 飯嶋俊比古
いいじま・としひこ

1948−2025年
名古屋大学大学院博士課程満期退学後、独立。1978年同大学工学博士を取得。アルミニウムの構造設計に携わり、アルミニウム建築構造協議会技術委員会委員を務める。主な作品に「エコムスファクトリー」など。

21 徐光
じょ・こう

1950年−
日本大理工学部斎藤公男研究生修了。構造設計集団〈SDG〉を経て独立。住宅から保育園、超高層まで幅広く手がける。作品に「aluminum−House」「いちにぶんのいちView」など多数。

22 細澤治
ほそざわ・おさむ

1951年−
横浜国立大学大学院修了後、大成建設入社。大空間建築物の構造設計ならびに施工時建方検討を担当。主な作品に「しもきた克雪ドーム」、「さいたまスーパーアリーナ」、「札幌ドーム」など。

23 金箱温春
かねばこ・よしはる

1953年−
東京工業大学大学院修了後、横山建築構造設計事務所を経て独立。「京都駅ビル」の構造設計を担う。主な作品に「潟博物館」「兵庫県立美術館」「表参道ヒルズ」「青森県立美術館」「福井県年縞博物館」など。

24 向野聡彦
こうの・としひこ

1957年−
東京大学大学院修了後、日本国有鉄道を経て日建設計入社。主な作品に「ホキ美術館」「NBF大崎ビル」「桐朋学園大学音楽学部調布キャンパス1号館」など。

25 稲山正弘
いなやま・まさひろ

1958年−
東京大学大学院修了後、独立。東京大学で教鞭を執りながら木質構造の研究・開発および構造設計に携わる。現在、東京大学名誉教授。主な作品に「住田町庁舎」「戸越銀座駅」「シネジック新社屋」など。

26 桝田洋子
ますだ・ようこ

1959年−
京都工芸繊維大学大学院修了後、川崎建築構造研究所を経て独立。主な作品に「行橋の住宅」「西有田タウンセンター（現：有田町庁舎）」など。

27 竹内徹
たけうち・とおる

1960年−
東京工業大学大学院修了後、新日本製鉄株式会社を経て、東京工業大学教授。2025年より同大学（現：東京科学大）名誉教授。主な作品に「東京工業大学附属図書館」「清水建設技術研究所 安全安震館」など。

28 原田公明
はらだ・ひろあき

1961年−
東京都立大学大学院修了後、日建設計入社、現：エンジニアリング部門構造設計グループダイレクター。東京都市大学特任教授。主な作品に「さいたまスーパーアリーナ」「立教大学新座キャンパス新教室棟」など。

29 陶器浩一
とうき・ひろかず

1962年−
京都大学大学院修了後、日建設計を経て滋賀県立大学教授。竹の材料特性を活かした構造システムの研究開発に取り組む。代表作に「竹の会所」「清里アートギャラリー」「キーエンス本社研究所」「積層の家」など。

30 川口健一
かわぐち・けんいち

1962年−
東京大学大学院博士課程修了、同大学大学院で教鞭を執り、膜構造やテンセグリティなど張力構造物の研究に従事。「ホワイトライノI、II」「東京大学工学部2号館」の構造計画に携わる。

31 柴田育秀
しばた・いくひで

1962年−
茨城大学卒業後、類設計室を経てArup入社。主な作品に「豊田スタジアム」「Ribbon Chapel」など。

32 池田昌弘
いけだ・まさひろ

1964年−
名古屋大学大学院修了。木村俊彦構造設計事務所などを経て独立。主な作品に「ナチュラルシェルター」「有田陶芸倶楽部」「屋根の家」「ナチュラルエリップス」「ふじようちえん」「二階堂の家」など。

33 腰原幹雄
こしはら・みきお

1968年−
東京大学大学院修了後、構造設計集団〈SDG〉を経て、東京大学生産技術研究所教授。木質構造を中心に自然材料の活用を構造の視点から研究。team Timberize理事。作品に「金沢エムビル」など。

34 山脇克彦
やまわき・かつひこ

1968年−
神戸大学大学院修了後、日建設計を経て独立。「モード学園スパイラルタワーズ」や「國學院120周年記念1号館」などで実績を残す。近作に「籔-HIGO-」「当麻町役場」「彩織／PLAT-HOME (JF部)」など。

35 鈴木啓
すずき・あきら

1969年−
東京理科大学大学院修了後、佐々木睦朗構造計画研究所に入所し「せんだいメディアテーク」の構造設計を担当。その後、池田昌弘建築研究所を経て独立。主な作品に「えんぱーく（塩尻市民交流センター）」など。

36 多田脩二
ただ・しゅうじ

1969年−
日本大学大学院修了後、佐々木睦朗構造計画研究所を経て独立。千葉工業大学教授。主な作品に「中国木材名古屋事業所」「工学院大学 武道場」「WKB」など。

37 佐藤淳
さとう・じゅん

1970年−
東京大学大学院修了後、木村俊彦構造設計事務所を経て独立。東京大学准教授、スタンフォード大学客員教授。建築構造の研究とデザインを応用し、月面基地の開発にも取り組む。

38 名和研二
なわ・けんじ

1970年−
東京理科大学卒業後、EDH遠藤設計室、池田昌弘建築研究所を経て独立。ユニークな都市木造の構造や、小中規模建築を中心に活動する。主な作品に「潜水士のためのグラス・ハウス」「KITOKI」など。

39 小西泰孝
こにし・やすたか

1970年−
日本大学大学院修了後、佐々木睦朗構造計画研究所を経て独立。武蔵野美術大学教授。主な作品に「神奈川工科大学KAIT工房」「上州富岡駅」「立川市立第一小学校 柴崎図書館・学童保育所・学習館」など。

40 金田充弘
かなだ・みつひろ

1970年−
カリフォルニア大学大学院修了後、Arup入社。東京藝術大学美術学部教授。Arupフェロー。代表作に「メゾンエルメス」「みんなの森 ぎふメディアコスモス」「台中国家歌劇院」など。

41 萬田隆
まんだ・たかし

1971年−
京都大学大学院修了後、オーク構造設計を経て独立。神戸芸術工科大学教授。多数の建築家の構造設計を手がける。主な作品に「甲陽園の家」など。

42 鳴川肇
なるかわ・はじめ

1971年−
ベルラーヘ・インスティチュート・アムステルダム修了後、佐々木睦朗構造計画研究所を経て独立。「オーサグラフ」による世界地図を考案するなど、立体幾何学的検証を軸にアイデアを展開し、その応用法を探求する。

43 満田衛資
みつだ・えいすけ

1972年−
京都大学大学院修了後、佐々木睦朗構造計画研究所副所長を経て独立。京都工芸繊維大学教授。代表作に「中川政七商店新社屋」「カモ井加工紙第三撹拌工場史料館」「大阪府立春日丘高等学校創立100周年記念会館」。

44 山田憲明
やまだ・のりあき

1973年−
京都大学卒業後、増田建築構造事務所入社。同社チーフエンジニアを経て独立。木材を活かした構造を多数手がける。主な作品に「大分県立武道スポーツセンター」「エバーフィールド木材加工場」など。

45 村上博昭
むらかみ・ひろあき

1973年−
東京工業大学大学院修了後、佐々木睦朗構造計画研究所を経て日建設計入社、現：構造設計主管。主な作品に「東洋大学125周年記念研究棟」「立教大学ロイドホール (18号館)」など。

46 坂田涼太郎
さかた・りょうたろう

1973年−
早稲田大学大学院修了後、金箱構造設計事務所を経て独立。2016−21年早稲田大学非常勤講師。主な作品に「屋久島町庁舎」、「土佐複合文化施設」など。

47 大野博史
おおの・ひろふみ

1974年−
日本大学大学院修了後、池田昌弘建築研究所を経て独立。住宅や公共建築物からアート作品の構造設計まで幅広く手がける。主な作品に「森のピロティ」「Ring Around a tree」「空の森クリニック」など。

48 寺戸巽海
てらど・たつみ

1975年−
名古屋大学大学院修了後、佐々木睦朗構造計画研究所を経て独立。主な作品に「竪の家」「HASE-BLDG.3」など。

49 坪井宏嗣
つぼい・ひろつぐ

1976年−
東京大学大学院修了後、佐藤淳構造設計事務所を経て独立。主な作品に「蝶番の家」「古澤邸」「上松町役場」「グランドルーフ」など。

50 森部康司
もりべ・やすし

1976年−
名古屋大学大学院修了後、オーク構造設計を経て独立。昭和女子大学教授。主な作品に「豊島横尾館」「JFEケミカル・ケミカル研究所」「富久千代酒造酒蔵改修ギャラリー」「熊本県立球磨工業高等学校管理棟」など。

51 渡邉竜一
わたなべ・りゅういち

1976年−
東北大学大学院修了後、土木デザイン事務所などを経てネイ＆パートナーズジャパン代表。主な作品に「三角港キャノピー」「出島表門橋」「新札幌アクティブリンク」など。

52 萩生田秀之
はぎうだ・ひでゆき

1977年−
明治大学大学院修了後、空間工学研究所を経てKAP共同代表。共立女子大学准教授。主な作品に「東京クラシッククラブ」「新豊洲ブリリアランニングスタジアム」など。

53 蒲池健
かまち・けん

1977年−
東京大学大学院農学生命科学研究科修了後、同大学アジア生物資源環境研究センター特任助教、山田憲明構造設計事務所を経て独立。主な作品に「ストローグ社屋」など。

54 三原悠子
みはら・ゆうこ

1983年−
東京理科大学大学院修了後、佐藤淳構造設計事務所を経て独立。Graph Studio共同代表。主な作品に「道の駅保田小附属ようちえん」など。

55 福島佳浩
ふくしま・よしひろ

1987年−
東京大学大学院修了後、佐藤淳構造設計事務所を経てGraph Studio共同代表。東京大学生産技術研究所助教。主な作品に「にしかわイノベーションハブTRAS」など。

56 金田泰裕
かねだ・やすひろ

1984年−
芝浦工業大学卒業後、鈴木啓／ASAを経て、パリで独立。デンマークを拠点に、アジア、ヨーロッパでプロジェクトを進行。建築のみならず、物事の「構造」について考えている。作品に「弘前れんが倉庫美術館」など。

次世代を担う構造家たち

数々の構造家たちがつないできた技術と知識を吸収し、次世代の建築を生み出す構造家たち。
ここでは、「感覚する構造－法隆寺から宇宙まで－」(WHAT MUSEUM, 2024)で
紹介した構造家6名の作品を、構造家自身による解説と言葉をあわせて紹介する。

木下 洋介 [57]
きのした・ようすけ

1978年－
東京工業大学（現：東京科学大学）大学院修了後、金箱構造設計事務所を経て独立。東京科学大学非常勤講師。代表作に「オガールベース」「ちぐさこども園」など。

輪島塗工房復旧プロジェクト
竣工年：2024年
地域：石川県
構造設計：木下洋介構造計画
設計協力：ミナモト建築工房、弥田俊男
模型縮尺：1/40
模型制作・所蔵：木下洋介構造計画（2024年）

> プロジェクトや地域を通じた人のつながりの中で、
> その人達がhappyになるには自分がどう立ち回ると
> エンジニアリングが効果的に効いてくるのか考えるようになった。
>
> （移住先の地域でのプロジェクトで）森に行って伐採しているところから見て、
> この材料を使ってどうつくれるかをみんなで考えてというような。
> 前提として人間関係が先にあって、
> 私には・あなたには何ができるか持ち寄って設計する、
> 地域のプロジェクトでもハイテクニックなプロジェクトでも、
> そうした関係のなかで技術をうまくマッチングできることがあれば、
> 構造設計者にとってすごく幸せな状況だなと思います。

　日頃からお付き合いのある近所の工務店の社長から1月末に電話をもらった。著名な輪島塗師であり同郷の赤木明登さんの依頼で、元旦の能登半島地震で被災した知り合いの工房の復旧に協力してほしいとのことだった。2月5日に初めて現地を見て厳しい状況に愕然とした。工務店の社長、大工さん、建築家のチームで知恵を集めて、復旧手順を手書きのスケッチにまとめ、各職人さんの工夫と献身的な作業により3月末に復旧が完了した。
　輪島塗関係の工房は7割が被災し多くの職人さんが仕事をあきらめ、輪島を離れているという。被災区分判定の赤紙が被災者の前途を断つ宣告になってはならない。当初の危険を避けたのちは、私たちの「技術」を復旧の道筋を見出し、判定を塗り替え、希望を灯すことに使っていきたい。

平岩 良之 [58]

ひらいわ・よしゆき

1982年−
東京大学大学院修了後、佐々木睦朗構造計画研究所を経て独立。主な作品に「シェルターインクルーシブプレイスコパル（山形市南部児童遊戯施設）」など。

称名寺の鐘撞堂

竣工年：2019年
地域：広島県
建築設計：大西麻貴＋百田有希 / o+h
構造設計：平岩構造計画
模型縮尺：1/5
模型制作：大西麻貴＋百田有希 / o+h（2018年）
模型所蔵：称名寺

自分としては、本当に一歩ずつ、一歩ずつみたいな気分で。
打ち合わせのときに出た構造のアイデアを意匠設計者がぐっと理解して、
違う形でボールを蹴ってくれて。そうやって蹴り返されたら、
こっちもまた何か蹴らなきゃみたいな感じで……
キャッチボールをしながらついていける関係がいいのかな。
キャッチボールをやっているうちに、
「来ましたね、ここまで」みたいなところにいる方が、
きっと自分としてはやりやすいのもあって。そうやっていると、
お互い状況が理解できてくるので、問題共有もしやすいんですよね。

必ずしも構造的に、
合理性の方向に向けての考えだけじゃないっていうのが、
きっと面白いところであって。非合理な方向に考えていくと、
構造的にこんな面白いことが起きるんだっていう考えは、
すごく可能性があるなって思っています。

安定してモノを支持するためには、少なくとも何点で支えてやる必要があるでしょうか？　シンプルに考えると「3」が答えです。このなんとも言えない独特な愛くるしい形をした屋根の魅力をより一層引き立たせる支え方とはどういうものか、建築家のおふたりと共にアイデアを練りました。そこでたどり着いたのが、2点で支えつつ1点で引き戻す支え方。力学的には3点で支えていることに変わりはないのですが、少し「3」の考え方を変えることで、なんだか一見すると不安定な（安心してください、安全ですよ）それでいて、その不思議な浮遊感が魅力となる鐘撞堂を計画しました。

Chapter 2　構造デザインの展開　　121

柳室 純 [59]
やなぎむろ・じゅん

1980年–
京都大学大学院修了後、満田衛資構造計画研究所を経て独立。主な作品に「郭巨山会所」「大阪・関西万博休憩所4」「2/5」など。

郭巨山会所

竣工年：2022年
地域：京都府
建築設計：
魚谷繁礼建築研究所（魚谷繁礼・魚谷みわ子）
構造設計：柳室純構造設計
模型縮尺：1/30
模型制作・所蔵：柳室純構造設計（2024年）

> 自分が生きて設計できる期間って決まっているので、
> 0から100まで作りきるんじゃなくて、次に繋げていく仕組みだとか、
> 余地を残して建物をつくることで、その後の世代の設計者がそれを見て、
> ここから先は自分たちに委ねられたんだって思ってもらえたら、
> 建物が壊されずに次の世代に続いていく原動力になるんじゃないかと。
> 構造体レベルでもそうしたことを意識して作っておくと、
> 更新される部分と、残すべきものがコントロールできるので、
> 貢献できる可能性があるなと思っています。
>
> 構造の強さって、もちろん強度は当然なんですけど、
> 構造体がずっと時間軸上で、なるべく長く使ってもらうこと、
> そういう意味での強さみたいなことは意識しています。

京都祇園祭の山鉾のひとつ「郭巨山」を保存、運営する会所の増築。主屋と土蔵の間に既存の木造の断面寸法に合わせた鉄骨と木の架構を増築し、不足していたスペースや耐震性能を補完した。

　主屋は建物の保存のため、天井等の解体を最小限に抑えながら耐震性が不足していた間口方向を補強するE型の鉄骨フレームを下から挿入している。増築部は鉄骨フレームを吊り込んで設置した後に木部材を取り付けており、土蔵とは構造的に縁を切っている。また、鉄骨フレームは地震時の曲げモーメントが0となる梁中央部で現場接合し、性能の高いラーメン架構を構成するとともに施工性、意匠性を確保している。増築部を取り去り、元の主屋と土蔵だけの姿へ戻すことも可能であり、伝統と未来に配慮した設計となっている。

荒木 美香 [60]
あらき・みか

1984年–
東京大学大学院建築学専攻修士課程修了後、佐藤淳構造設計事務所を経て独立。2021年より関西学院大学建築学部建築学科准教授に就任。Graph Studio共同代表。主な作品に「宝性院観音堂」など。

オーゼティック構造のパーゴラ

竣工年：2022年
地域：福岡県
建築設計：九州大学岩元真明研究室
構造設計：関西学院大学荒木美香研究室
模型制作：九州大学岩元真明研究室＋関西学院大学荒木美香研究室（2023年）
模型所蔵：関西学院大学荒木美香研究室

> 慎重に検討する項目を考えるところと、
> それがクリアできたら思い切ってそっちに行くっていう決断力と、
> その繰り返しかなとは思います。
> 実験ってそういうところの判断の連続で、
> そこでかなり鍛えられてるところはありますね。
>
> こう計算をしたからこうなるだろうと予測して実験をして
> 確かにそうなったとかいうことをやっていく中で、
> ちょっと勇気がついてくるようなところがあります。

九州大学内に設置された多孔質な自由曲面の屋根のパビリオン。「オーゼティック」という縦に引っ張って伸ばすと横にも広がるという性質の幾何学と金属板の可塑性を利用して自由曲面の屋根を作成している。具体的には平らな厚さ1mmのステンレス板にレーザー加工で切紙細工のように周期的な切り込みを入れた後、下向きに荷重をかけて懸垂させるという手順である。荷重をかける作業は人力で行った。特殊な素材や道具を使わず、新しい手法で自由曲面を生み出すことに成功している。

　手順はシンプルだが、切り込みパターンにより生成される曲面は異なる。希望するかたちを創出できるよう、材料実験を繰り返してモックアップを作成し、独自のシミュレーション手法の妥当性を検証した。

藤田 慎之輔 [61]

ふじた・しんのすけ

1985年−
京都大学大学院修了後、金箱構造設計事務所を経て独立。近畿大学工学部建築学科准教授。コンピュテーショナルデザインをはじめとする最先端の情報技術を活用した構造デザインに取り組む。

曲げねじりを活用した螺旋構造

設計年：2023年
設計：井原樹一（北九州市立大学大学院）、
舟津翔太（オーノJAPAN）、
薮内佑馬（坂田涼太郎構造設計事務所）
模型制作：井原樹一、藤崎雄大、森田晃太郎
（北九州市立大学大学院）
模型所蔵：近畿大学藤田慎之輔研究室
（旧北九州市立大学藤田慎之輔研究室）

経験っていうのは整理されたものでないと、自分の財産にならない。
僕は周囲からはデジタルがちょっとだけできる印象を
持たれてるんですけど、
それは個別性の部分で、大事なのは普遍性だと思う。
ツールが進化すればするほど見えづらくなるところがあると思うので、
それをしっかり大切にする思想はずっと持ち続けなきゃいけなくて。
この建物はこう力が流れるよねって応力とかもそうなっていれば、
数値が多少余力がなかったとしても、
僕はそっちの方が全然健全だし、
自分の家だったらそっちの方が住みたいと思う。
人間が説明できるような構造じゃないと。
だから感覚っていうのは、磨かないといけないと思いますね。

板材に切り込みを入れて構造物に柔性を持たせる手法をkerf bendingと呼ぶ。通常のkerfingパターンは直線のみで構成されるが、研究室では曲線のkerfingを施した際の物性について研究をしており、学生達がアルキメデスの螺旋をモジュールに持つ構造を考え、螺旋の巻き数や曲率を操作することで曲面形状を自在に操作する仕組みを開発した。3つのモックアップは手に取って触って、揺らしたり曲げたりすることで、全く同じ材料・板厚の材にも関わらず、切り欠きのパターンによってかたさが全く異なる"形態剛性"のおもしろさを体感することができる。

下田 悠太 [62]

しもだ・ゆうた

1996年−
東京大学大学院修了。Biomatter Lab所属。折紙の幾何学と構造力学を背景に、コンパクトに折りたためる構造や軽量な膜テンセグリティ構造など、建築の新たな形態に関する研究・制作を行う。

膜テンセグリティ構造の生成プロセス 小型模型

設計：下田悠太
模型縮尺：1/20
模型制作・所蔵：下田悠太（2023年）

構造エンジニアとしての時間を積んでいくと、
構造の見える目みたいなものが
だんだん身についてくるなと思っていまして。
もともと折り紙の目みたいなものはもっていたと思うんですよ。
だから服のシワとかを見ても、折り紙に見えちゃうみたいな。
たとえば樹木の樹皮の形が、なぜこういうシワが寄っているんだろうとか、
こういう形で伸びていったんだろうみたいなところまでも、
構造エンジニアの職能があれば、
より高い解像度で見えてくるみたいな部分があって。
そこはすごく面白い側面だと思っていますし、
そこから作れる形っていうものも、
たくさんあるんじゃないかなと思っていますね。

「膜テンセグリティ」と呼んでいるこの構造は、「イシガキフグ」というハリセンボンの仲間から着想しました。
　張力をかけた伸縮性の膜に棒を固定し、張力を開放すると膜が縮んで自然と立体が立ち上がります。棒同士が必ずしも触れ合っていなくても、膜の張力とのバランスで構造が成り立つのです。
　最大の新規性は設計手法にあります。「平面の紙から立体を折る」折り紙の設計手法を応用し、「平面の膜から立ち上げる」複雑な形の膜テンセグリティをコンピュータで簡単に設計できる手法を提案しました。
　作りたい形をコンピュータに与えるとそれを作るために必要な棒の長さや配置が自動生成できるようになりました。

寄稿 | 構造デザインの他領域への展開　文：鳴川肇

筆者の主宰する慶應義塾大学 環境情報学部 鳴川研究室では、
工学的な問いを幾何学的に解くための研究活動を行っている。
「工学的」「幾何学的」の定義にゆらぎはあるが、
そんな姿勢で構造デザインに携わり、
他分野へも活動をひろげていることから、
本稿では代表的な制作事例について触れていきたい。

A. テンセグリティ270
B. テンセグリティ・ツリー
（2023）
テンセグリティとは1960年代に登場した画期的な構造体。その特許に示された実施例を製作検証したもの。ねじれのある円錐形のテンセグリティ・ツリーはHOMME PLISSÉ ISSEY MIYAKEの国内外の店舗にて展示された。

D. Upon A Simplex
（HOMME PLISSÉ ISSEY MIYAKE、2023）
鳴川研はアドバイザーとして参画した。

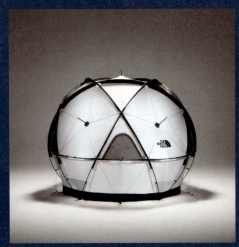

fig.2 C. ジオドーム4(2018)
バックミンスター・フラーが開発したジオデシック構造とに張弦梁構造を取り入れ、THE NORTH FACEで商品化された4人用ドームテント。わずか6本のポールで半球以上の高さを形成することにより、広い居住空間を提供できる。
写真提供：株式会社ゴールドウイン

幾何学的に解く

「ジオドーム4」(fig.2,C) で取り組んできたことは、いかに組立てやすく丈夫なテントを作るか（施工難易度と構造合理性）という工学的な問いだ。部材を減らし、わずか6つの円弧を同一球面に分配して安定した"カゴ"を形成するアイデアで解いている。

「テンセグリティ270*」(A) と「テンセグリティ・ツリー」(B) においては、多数の紐が連鎖した構造をいかにピンと張らせるか（張力導入）という問いに取り組んだ。紐にとりつく棒が紐づたいにスライドするトポロジカル（位相幾何学的）な変形によりピンと張るアイデアで解いている。

上記3作品は構造分野での作品だが、同じ姿勢で他分野でも幾何学的に解くというアプローチをもとに活動している。

* 山下麗「テンセグリティを用いた展開性のある建築空間の設計」修士論文、慶應義塾大学鳴川肇研究室、2023年

fig.1 「感覚する構造－法隆寺から宇宙まで－」での展示。手前から「オーサグラフ世界地図」「Upon A Simplex」「テンセグリティ270」「テンセグリティ・ツリー」「ジオドーム4」。

E. オーサグラフ世界地図 (2009)
球面と正四面体を仲介する第3の多面体を用いることで、歪みの少ない長方形の世界地図がつくれるプロセスを示す原理模型。

Chapter 2 構造デザインの展開 125

三角形の組み合わせ

「オーサグラフ世界地図」(fig.3, E) は、極地に歪みが集まるメルカトル図法の課題をいかに改善するかという問いから生まれた。多数の三角形が同じ面積になる独自の球面分割を考案して解いている。

オム プリッセ イッセイミヤケの協力をさせていただいた「Upon A Simplex」(D) では、ブランドのデザインチームが三角形の組合せだけでいかにからだを美しく包むかという問いを探究している。首、肩などの分節にとらわれずに三角形を体に馴染ませることで、美的に解いた衣服だ。

物差しで測れる写真

「平行カメラ」(fig.4, F) は、図面のように物差しをあてて長さが測れる写真を撮れるのかという問いから生まれた。画角のない細長いカメラを多数平行に並べて、遠近感を奪うことで実現したものだった。

ここまでに紹介した作品の位置付けを表にまとめた (fig.5)。ほとんどの作品は20世紀を代表する建築家であり、思想家、デザイナー、構造家、発明家、詩人などとしても知られるバックミンスター・フラーの発明に関連づけられている。フラーは地球の環境問題の解法に直結した幾何学＝形をもって答えた発明家だった。デザイナーは知恵を絞った結果を具体的な形で示すべきだ、というこの姿勢を私はこれからも実践していこうと考えている。

fig.3 E. オーサグラフ世界地図 (2009)

fig.4 F. 平行カメラ (2011)
建築図面では、ものを平行投影する描き方が用いられ、その画角は0といえる。このような投影が可能なカメラの試作としてつくられたもの。

fig.5 各作品の関連と位置付け

	分野	構造	フラーとの関連	工学的な問い
A. テンセグリティ270	建築	○	テンセグリティ	いかに紐をピンとはるか
B. テンセグリティ・ツリー	芸術	○	テンセグリティ	いかに紐をピンとはるか
C. ジオドーム4	プロダクト	○	ジオデシックドーム	いかに球のカゴを少数の円で囲うか
D. Upon A Simplex	服飾	×	フラー幾何学全般	いかに多角形でからだを包むか
E. オーサグラフ世界地図	図法	×	ダイマキシオン・マップ	いかに歪みの少ない世界地図を描けるか
F. 平行カメラ	写真	×	なし	いかに物差しで測れる写真を撮れるか

Chapter 2 構造デザインの展開

127

Interview

佐藤淳

建築の構造設計がひらく、宇宙の構造物の可能性

地球上の建築には、重力や風力など外からの力が様々にはたらくが、
構造設計は、そうした環境下で安全に建物を成立させるべく行われるものだ。
そうした建築の構造設計の知識は、たとえ力の加わり方が違っても、
宇宙空間の惑星や衛星上の構築物にも応用できるのではないだろうか。

東京大学の佐藤淳准教授は、JAXA（宇宙航空研究開発機構）と協働し、
月面に滞在する為のベースキャンプを開発している。
地球の1/6の重力がはたらく月において、力学の応用はもちろん、
ロケットの積載を考慮した部材の軽量化、新素材の活用、展開構造による建設など、
建築の構造設計を応用した月面環境での設計が進行中だ。
本項では、宇宙の構築物と地球上の建築、
どちらにも新たな可能性をもたらすであろう挑戦について、佐藤淳准教授に話を聞いた。

―― 宇宙開発の分野に参入されるようになった経緯を教えてください。

2020年頃のことですが、それまで私たちが研究してきた構造デザインのアイデアのいくつかを組み合わせていけば、月面基地の構造物に応用できるんじゃないかと考えるようになったんです。

たとえば、空気で膨らませる多面体みたいなものを、月面に居住をするための滞在モジュールに応用できるんじゃないか。花柄のディンプルや折り畳みの展開機構だとか、かなり軽量な張弦梁の構造なんかを考えていたら、それらを組み合わせた月面構造物ができるかもしれないと思い始めました。

もともと、子どもの頃から宇宙開発には興味があったので、構造デザインに関わるようになってからも、いつか宇宙に関連したプロジェクトに携わりたいという想いがあったんです。ある時、JAXAで研究募集をしているから、試しに応募してみるといいんじゃないかというご提案をいただいて。それで、応募したのが2021年のことです。

幸運にもその内容が採用され、「JAXA宇宙探査イノベーションハブ共同研究」として月面基地・火星基地の本格的な開発をはじめたのですが、翌年の2022年からは国交省と文科省、内閣府による「宇宙建設革新プロジェクト(スターダストプログラム)」のひとつとして採用されました。無人建設などを開発していくプログラムのひとつとして、現在も構造物の開発を進めています。

fig.1 極域におけるベースキャンプのセットアップイメージ

—— 開発の内容について、詳しくお聞かせください。

月には「縦孔」と呼ばれる巨大な洞穴がたくさん見つかっています。その最初の発見者であるJAXAの春山純一先生の主導で構想されているのが「UZUME計画」という縦孔探査計画です。縦孔の底には長い洞窟があると考えられていて、その洞窟に居住できれば、宇宙放射線や隕石の落下なども避けられて、温度もわりと一定だと。そこで、私のほうからこの洞窟に月面活動の拠点となるベースキャンプを構築することを提案しています。

　私が考えたアイデアは、最初に月に乗り込んだ人たちが居住を始める、ごく簡素な最小限の構築物があれば、その後のベースキャンプの開発拠点として活用できるんじゃないか、ということでした。そういう構想を第一弾として提案したところ、JAXAの方や宇宙開発関係者の方々が喜んでくださったんです。将来の壮大な都市開発構想はあっても、最初にどうやって居住を始めるかということに対する提案はなかったみたいで(fig.1)。

これは、「枕型多面体と高床が同時展開する滞在モジュール」のモックアップです(fig.2)。こういう枕型の多面体を折り畳んで宇宙に持っていき、現地で展開することができないか、そんな発想を起点に、これをモジュール全体として成り立たせるためにはどんな構造要素が必要か、というところから開発を進めていきました。

　次に、この滞在モジュールを洞窟の中に仕込むためには、洞窟まで上下するリフトが必要だということで、そのために桟橋状のモジュール(fig.3)を考えました。ごく簡素なリフトを吊るして上下するようなものです。さらに、これらのモジュールに電源を供給するためのソーラーモジュール(fig.4)を月の地表面に用意できれば、居住を始められそうだということに話がまとまってきました。

—— 「感覚する構造」(2023–2024)では、各モジュールの1/10サイズの模型とともに、開発の過程で制作されたモックアップ等も展示されていました。開発にあたって苦労された点や、地上での構造デザインの経験が活かされている点などがあれば教えてください。

現時点では、すべての構築物に関わる、メインの躯体構造デザインを進めています。小さく折り畳める構造体にエンジンを取り付けて、ロケットで打ち上げられて月軌道に放出された後は、自力で着陸する。先ほどの枕型多面体

のモジュールも、フレームに守られた状態で着陸させて、月面にパタンと倒れたところで、外皮が空気で膨らむというシステムです。

　加えて、この枕型の外皮が膨らむと同時に、内部に床が張られるというアイデアを考えました。外皮だけでなく床も折り畳まれていて、ふたつを一緒に展開できたらいいんじゃないかと(fig.5–9)。というのも、月面では地上と違い、建物のために地面を整地していられません。整地のために機械や人員を送り込むような作業を省略したかったので、モジュールの脚部分が凸凹の地面にアジャスト(調節)するようなシステムにできないかということを思い描いていました。また、モジュールが膨らんで展開する時に、外皮が地面をズリズリと擦るわけにいかないので、膨らむと同時に、外皮に脚やフレームが押し出されて、そうして自ら下ろしたステージの上で外皮が膨らんでいくということも考えています。

　このスライドレールのシステムを考えたら、桟橋状のモジュールもほとんど同じシステムでパタパタパタッと展開できて、崖から跳ね出していけるだろうという発想が生まれました。15mくらいの片持ち構造が必要になりますが、これには張弦梁の構造等を応用したり、地上での構造デザインの経験を活かした構造システムかなと思います。

ソーラーモジュールの開発に関しては、九州大学の斉藤一哉先生にご協力いただいています。斉藤先生は、ハサミムシの羽の複雑な折り畳みパターンを参考に、折り畳みできるソーラーパネルの構造を開発されてるんです。円形のモジュールは扇子のように畳まれ、細長くなったところで、長さを半分に折れるので、かなりコンパクトです。

fig.2　枕型多面体と高床が同時展開する滞在モジュール(上：1/10模型と下：原寸大の部分模型)

枕型の胴部の空間は幅10m×長さ18mの広さがあり、4人が内部で6か月滞在することを想定している。枕型の「外皮」を内気圧で膨らませると同時に、人が滞在するための「高床」、高床を展開するステージとなる「スライドレール」、月面の非平坦地に着床する「接地脚」を同時展開させることが可能。展示模型には、出入口となる「エアロック」は未装着、今後開発を予定している。

開発チーム：東京大学佐藤淳研究室、東京大学河鰭実之研究室、東京大学横関智弘研究室、九州大学斉藤一哉研究室、宇宙航空研究開発機構(JAXA／桜井誠人、阿波田康裕、星之内菜生)

研究委託：本研究開発は国土交通省＋文部科学省から令和4年度より「月面等での建設活動に資する無人建設革新技術開発推進プロジェクト」の委託を受けて行っている。

部材製作：株式会社ROSSO、有限会社オバタ、鈴木金属株式会社

このベースキャンプ全体の構築物の規模を想定するときに、まずは4人が6か月暮らすという想定をしました。月では、地球の時間軸でいうと2週間にわたり昼間が続き、その後、2週間は夜が続きます。その繰り返しなので、夜間2週間分の電力をどうやって蓄電しておくかがポイントになります。しかし、この蓄電池の重量が問題でした。ほかのモジュールと比較しても群を抜く重量で、楽観的に見積もっても24t必要だとわかったんです。滞在モジュールは8tぐらい、桟橋が1tぐらいにしかならないんですが、この蓄電池だけで24tも必要だというので、ソーラーモジュールを2基に分け、12tずつの蓄電池を搭載することになりました。

それらの太陽電池の発電能力から考えると、全部で400㎡ぐらいあれば夜の2週間分も含めて発電できそうだという計算になってきたので、2基つくるとすると、200㎡ずつ発電できる能力が必要ということがわかってきます。

そういうことを定量的に計算しないと、各モジュールをどのぐらいの大きさで設計すればいいのかわかりません。発電効率とか、エンジンや燃料タンクがどのぐらいの大きさかとか、そこを把握しないと設計が進まないということになってきまして、宇宙開発にあたっての予備知識みたいなものを日々勉強させられてます。

―― **現在の開発状況についてお聞かせください。**

開発の当初は、上記の「縦孔」でのベースキャンプを想定してスタートしましたが、現在はむしろ、月の極域におけるベースキャンプを優先して提案しています。

月の南極にあるクレーターの底には、1年を通して太陽光が全く当たらない影の場所、永久影（えいきゅうかげ）が存在します。その永久影には、水分子が蒸発せずに岩石の中に存在している可能性があると言われ、現在世界各国が月の南極の

fig.3　ケーブルリフトを吊るオーバーハングモジュール (1/10模型)
「静かの海」と呼ばれる、月面の水のない低地で発見された縦孔の写真から推定すると、昇降リフトを吊り下げるためにオーバーハングさせる片持ちレールは15m程度が必要であることがわかった。オーバーハングさせるレールの反対側は重さの均衡をとり、かつ、物資の搬入路にもなるようレールを25mほど伸ばした。張弦構造として束材もテンションケーブルも同時に展開させる。
部材製作：株式会社ROSSO

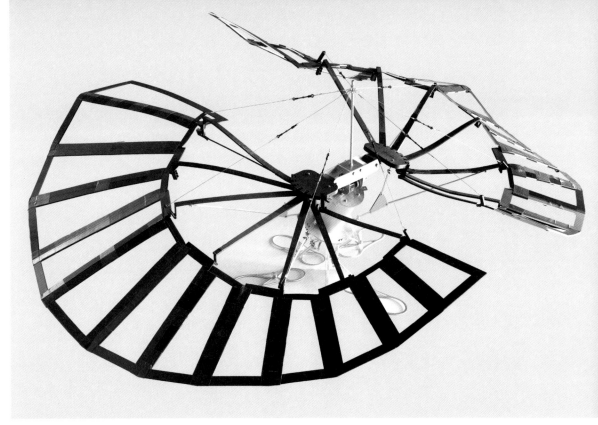

fig.4 ハサミムシの後翅の機構で展開するソーラーモジュール (1/10模型)
月では2週間ごとに昼と夜を繰り返す。滞在モジュールで過ごす電力を確保する、ソーラーパネルを使って、昼間のうちに夜間の分も発電・蓄電する必要がある。搬送する物資の中では電池が最も重いため、軽量化をはかるため斉藤一哉先生が開発したソーラーパネルは、ハサミムシの後ろ羽（後翅）を模しており、扇子型に広がる機構になっている。なお、月の重力は地球の1/6の為、地球上にある展示模型はソーラーパネルが垂れている。

部材製作：サカセ・アドテック株式会社、株式会社ROSSO

水探査を目指しており、NASAの月探査プロジェクトである「アルテミス計画」でも南極域への人員輸送を計画しています。

月の極域では地球の白夜と同様に、ほぼ太陽が沈まない永久日照の状態があります。月の夜はマイナス150度近い極寒が2週間以上も続くため、機械類がその夜を越すことは大きな難問であり、夜を避ける点で極域は適しています。また、永久日照は太陽光発電に非常に有利であり、搭載する蓄電池の量を減らせるメリットがあります。

そうした南極域の永久影の探査をサポートするためのベースキャンプが必要であろうということで、極域バージョンのベースキャップのセットアップを提案しています。その南極には、直径21kmもあるシャックルトンクレーターがあるのですが、これは巨大すぎるので、まずは、付近の小型のクレーター、直径200m深さ20mや直径400m深さ30m程度といった大きさのクレーターでの探査を想定し、小規模な範囲で構築できるベースキャンプとして提案しています。

枕型の多面体の中に人が住み、ソーラーパネルを展開、縦孔と同じくクレーターにオーバーハングをセットアップし、ケーブルリフトでクレーターの底に降りていきます。各モジュールは、縦孔で提案したものとほとんど同じモジュールを使うことができます。永久影は極寒で昼の時間がないため、クレーターの底と月表面を行ったり来たりします。

当初提案していた滞在4人用は床面積にして200㎡で8tあり、輸送コストが高額になるため、2人用で小型軽量化したものの設計にも着手しています。極域の昼間の時間に短期滞在する想定で蓄電池を少なくし、ソーラーパネル

fig.5 滞在モジュール（展開前／展開後の模型）
ロケットに格納しやすいように、折り畳んだ状態で直径5mほどの筒型となるよう設計され、展開すると180㎡（10×18m）程度の枕型の空間となる。外皮は厚さ2㎜のアルミ板でできている。

fig. 6　外皮全体形のスタディ
6-1　目標の形を畳むにはどのように折ればよいか。最初は紙をクシャっと畳んでみる。
6-3　初期に「低曲率曲げ」でなく、きつい折り目の「多面体形式」でスタディして特定した全体形状。
6-5　折りたたむための折り目を低曲率にすると、アルミで製作された外皮を滑らかにしづらいため、製作方法に工夫が必要であることが分かった。様々な紙を使ってモックアップを作成した。

6-1

6-2

6-3

fig.7　多面体形式の中型部分モックアップ
空気で膨らませるテストをした際に作成した多面体形式でアルミ製の部分モックアップ。縮小模型では薄すぎて溶接できないため気密を保つのが難航した。　製作＋展開試験：(株)矢嶋

6-4

6-5

fig.8　薄板に型押しされた花柄ディンプル
滞在モジュールを展開する際の「飛び移り現象」を誘発するための花柄ディンプルのサンプル。アルミ薄板に型押しする装置を独自に開発して製作した。

と滞在モジュール、オーバーハングを全部一体にしたモジュールです。この一体モジュールの小型実証機をまずは飛ばそうということで、ごく小型だと4kg、大きめサイズでも60kgのものを今設計しています。

──開発の今後、佐藤先生が考える宇宙開発での構造デザインの可能性についてお聞かせください。

構造デザインを考えていく上でもうひとつ悩ましいのは、「展開できる＝不安定」ということなんですよね。先の桟橋状のモジュールで考えると、パタンパタンと展開していく過程で、随時ロックしていく機構が必要ですし、レゴリス（月面を覆う砂状の物質）が付着してスライドできないということも想定できます。また、地球上での設計に比べたら宇宙の方が重力の面では断然設計しやすいんですが、この滞在モジュールの場合は、外皮を膨らませるための内気圧が問題になってきます。月面ならではの荷重にどう対応するかというのは課題のひとつですね。

この開発のために思いついた展開機構やアジャスト機構は、地球での構築物にも適応できる場面がありそうだと思っています。森の木々の中へ入り込ませる居住空間や、ちょっとした崖地や谷間だとか、起伏のある土地に工事用のステージや、ブリッジをつくるにしても、素早く展開してアジャストするような構築物のつくり方は、活用できる場面が多いはずです。

こうして開発を進めていく過程では、宇宙系の専門家の方々からどんどんダメ出しを受けます（笑）。最近では、ようやくまぁまぁ対等に先生方とお話ができるようになってきた気がしますが、宇宙開発における基本的な知識が抜けていることも多々あるので、先生方からの指摘をどんどん吸収して、設計に活かしていくというのを継続していきたいと思っています。

航空宇宙工学の先生や、JAXAの先生方とお話をしていてわかってきたのが、そういう先生方って、もともと航空工学系の勉強をしてきた方が多いから、飛ぶものに興味があるんですよね。宇宙船とかロケットとか、人工衛星もそうですけど、そういう飛ぶものの設計はイメージできるけれども、地上に構築するものはどうやって設計したらいいのかわからない。荷重がどんなふうになるかとか、そういう想定がイメージできないっておっしゃるんです。

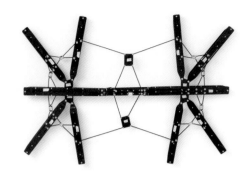

fig.9 3連伸長梁の機構模型
人が滞在するための床を展開するステージとなるスライドレールは、3段に重なった状態からスライドして伸長する（3連伸長梁）。モックアップでは伸長後に端部のダボでロックする仕組みをとったが、デフォルメモデルを製作し、ロック機構を確認した。

そういうお話しをうかがって、地上に構築するものの設計なら、我々の専門とするところだと、協働のポイントがわかってきました。月とか火星の地表に何かを構築する工法の考案や、着地しているものを設計するっていうのは、我々構造家の専門分野だと。宇宙開発の分野では、床をつくるなんて、なんだか難しそうだというイメージをもたれてるようなんですけど、我々にとっては床をつくるとか、15メートルの片持ちをだすのはむしろ簡単なことです。しかし、たとえば、アクチュエーター（エネルギーを変換する装置）で機械的に動かしたり、折り畳んだものをどうやって着陸させるかといったことは、我々にはイメージしづらいんです。そうやって話を聞いていくうちに、難しいと思う項目が分野によって違うんだと気づかされました。だから、月とか火星に構築物をつくるっていう時代になってきて、建築の分野が果たす役割というのは増えてきそうだなと思ってますね。

佐藤淳（さとう・じゅん）
1970年、愛知県生まれ、滋賀県育ち。構造家。東京大学准教授、スタンフォード大学客員教授、佐藤淳構造設計事務所技術顧問。東京大学大学院修了後、木村俊彦構造設計事務所勤務を経て、2000年佐藤淳構造設計事務所設立。2021年JAXA宇宙探査イノベーションハブ共同研究にて月面基地／火星基地の本格的開発開始。2022年より国交省＋文科省＋内閣府「宇宙建設革新プロジェクト（スターダストプログラム）」のひとつとして月面基地を開発中。近年の作品に「Vijversburg Visitor Center」「Sunny Hills in Aoyama」「新白島駅」「直島パビリオン」「高田東中学校」「宮野森小学校」。2009年地域資源活用総合交流促進施設で日本構造デザイン賞受賞、2021年ヴェネチアビエンナーレで金獅子賞を受賞したUAEパビリオンに協力。

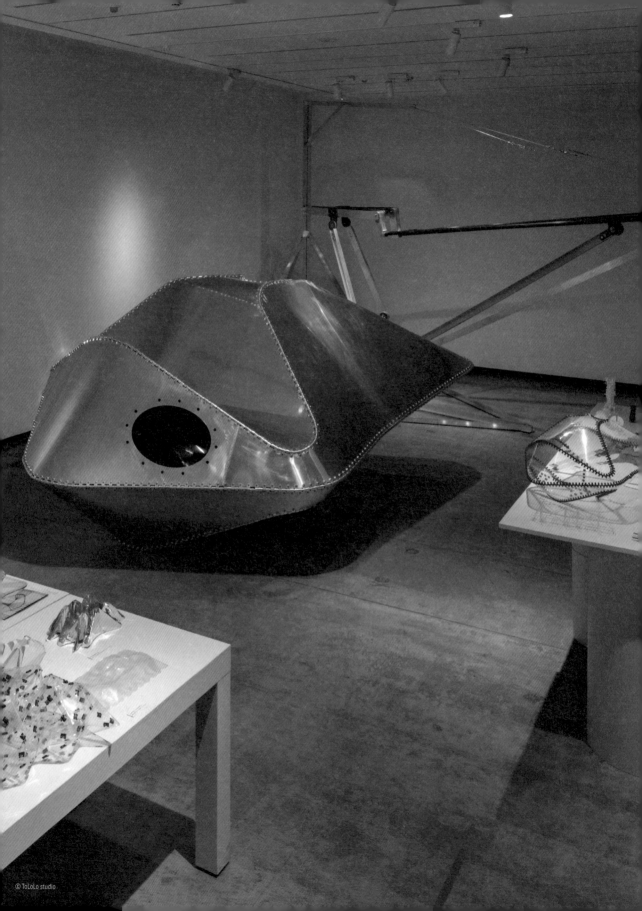

巻末資料

掲載資料索引

あ

会津さざえ堂	42−43, 94, 96−97
あなぶきアリーナ香川（香川県立アリーナ）	108
有明体操競技場（現：有明GYM-EX）	98−99
出雲大社 本殿	100−101
出雲ドーム	100−101, 118
伊勢神宮 皇大神宮（内宮）正宮、豊受大神宮（外宮）正宮	98−99
嚴島神社 大鳥居	92−93, 100−101
上野東照宮神符授与所／静心所	98−99
海の博物館 展示棟	18, 56−57, 94, 98−99
エバーフィールド木材加工場	76−77, 94, 100−101, 119
円相	90−91
大分県立美術館（OPAM）	100−101
大阪・関西万博 大屋根リング	17, 82−85, 93, 95, 100−101
大船渡消防署住田分署	72−73, 95−97
丘の礼拝堂	100−101
小国ドーム	47, 54−55, 100−101
小国町交通センター	54−55
オーサグラフ世界地図	124−127
オーゼティック構造のパーゴラ	122
オーバーハングモジュール	132−133, 135

か

ガウディ逆さ吊り構造実験模型	106
葛西臨海公園展望広場レストハウス	113
笠森寺観音堂	98−99
霞が関ビルディング	105, 112, 118
郭巨山会所	122
カトリック新発田教会	96−97
神奈川工科大学KAIT工房	113, 119
金沢エムビル	97, 119
上勝町ゼロ・ウェイストセンター	100−101
旧峯山海軍航空基地格納庫	47−51, 94, 98−99
京都駅ビル	113, 118
清水寺 本堂	98−99

さ（右段）

錦帯橋	18, 40−41, 92, 100−101
クラサス武道スポーツセンター（大分県立武道スポーツセンター）	64−65, 119
群馬県農業技術センター	97
国際教養大学図書館棟	96−97
国立京都国際会館	112
国立代々木競技場 第一体育館（国立代々木競技場）	19, 103, 105, 112, 118
金剛峯寺 金堂	99

さ

三灯小径	90−91
三内丸山遺跡 大型掘立柱建物	92, 96−97
三佛寺 投入堂（三徳山三佛寺奥院）	100−101
シェルターインクルーシブ プレイス コパル（山形市南部児童遊戯施設）	96−97, 121
塩竈市杉村惇美術館（旧塩竈市公民館）大講堂	96−97
ジオドーム4	124−125, 127
首里城 正殿	101
正倉院 正倉	32−33, 99
小豆島 The GATE LOUNGE	80−81
浄土寺 浄土堂	17, 100−101
称名寺の鐘撞堂	121
白川郷合掌造り民家・旧田島家	16, 44−45, 92, 98−99
ストローグ社屋	68−69, 94, 97, 119
星槎大学（旧頼城小学校）体育館	96−97
世界遺産 熊野本宮館	99
せんだいメディアテーク	104−106, 110−111, 113, 119
ソーラーモジュール	131−133

た

滞在モジュール	129−135
堅の家	66−67
多面体形式の中型部分モックアップ	134
茶室 徹	98−99
中国木材名古屋事業所	98−99, 113, 119
豊島美術館	108−109

テンセグリティ・ツリー	124−125, 127
テンセグリティ270	124−125, 127
東京タワー	112, 119
東京大学弥生講堂 アネックス	60−61, 94
東京中央停車場	112
東京国際フォーラム	113, 118
東大寺 大仏殿	25, 34−37, 92−94, 98−99
東大寺 南大門	34−35, 37, 92, 98−99

な

長野市オリンピック記念アリーナ （エムウェーブ）	18, 58−59, 94, 98−99
日本万国博覧会 お祭り広場	21, 118
日本万国博覧会 富士グループパビリオン	20, 113, 118

は

バカルディ・ビン詰め工場	106
花柄ディンプル	129, 134
パンテオン	110
飯能商工会議所	98−99
日向市駅	100−101
フィレンツェ新駅（コンペ案）	106−108
福井県年縞博物館	98−99, 118
平行カメラ	126−127
法隆寺 五重塔	26−29, 31, 92−93, 99

ま

膜テンセグリティ構造の 生成プロセス 小型模型	123
曲げねじりを活用した螺旋構造	123
松江城 天守	100−101
松本城 天守	38−39, 93−94, 98−99
まれびとの家	97
三方格子システム	89
三井寺（園城寺）光浄院客殿	98−99
道の駅ましこ	96−97
水戸市民会館	96−97

みんなの森 ぎふメディアコスモス	98−99, 119
銘建工業本社事務所	100−101
門司港駅（旧門司駅）本屋	100−101

や

薬師寺 西塔／東塔	30−31, 99
屋久島町庁舎	101
八幡浜市立日土小学校	52−53, 93−94, 100−101
梼原 木橋ミュージアム 雲の上のギャラリー	62−63, 94, 100−101, 118
吉野ヶ里遺跡	100−101

ら

倫理研究所 富士高原研修所	98−99

わ

輪島塗工房復旧プロジェクト	120

123

3連伸長梁の機構模型	135

ABC

BLUE OCEAN DOME	91
Port Plus® 大林組横浜研修所	86−87, 93, 95, 98−99
The Naoshima Plan「住」	74−75, 94, 100−101
Upon A Simplex	124−127

著者略歴

WHAT MUSEUM 建築倉庫
寺田倉庫が運営する「WHAT MUSEUM」は、倉庫空間を現代アートや建築との出会いの場へと昇華させた、倉庫会社ならではのミュージアム。
　WHAT MUSEUMの建築倉庫では、建築家や設計事務所から預かる800点以上の建築模型を保管し、倉庫内でその一部を公開している。また、建築模型を用いた企画展示やワークショップ、イベントを開催する。

執筆者略歴

陶器浩一（とうき・ひろかず）
1962年大阪府生まれ。1986年京都大学大学院修了。1986-2003年株式会社日建設計。2003年滋賀県立大学助教授、2006年より滋賀県立大学教授。

腰原幹雄（こしはら・みきお）
1968年千葉県生まれ。2001年東京大学大学院博士課程修了、博士（工学）。構造設計集団〈SDG〉、東京大学大学院助手、生産技術研究所准教授を経て、2012年より東京大学生産技術研究所 教授。NPO team Timberize理事。

鳴川肇（なるかわ・はじめ）
1971年神奈川県生まれ。1996年東京藝術大学美術専攻科修了。1999年ベルラーヘ・インスティチュート・アムステルダム修了。2002年佐々木睦朗構造計画研究所入社、2009年オーサグラフ（株）設立。2015年より慶應義塾大学環境情報学部准教授。2023年慶應義塾大学、博士（政策・メディア）取得。

北茂紀（きた・しげのり）→ p.28-45
1977年大阪府生まれ。2010年日本大学大学院理工学研究科修了ののち増田建築構造事務所勤務。2014年北茂紀建築構造事務所設立。2012年よりものつくり大学非常勤講師、2015年より日本大学大学院非常勤講師。

犬飼基史（いぬかい・もとし）
1979年愛知県生まれ。2005年名古屋大学大学院環境学研究科修了。2005年佐々木睦朗構造計画研究所入社。早稲田大学芸術学校非常勤講師（2013年-）、京都芸術大学非常勤講師（2022年-）、多摩美術大学建築・環境デザイン学科准教授（2023年-）。

近藤以久恵（こんどう・いくえ）
1979年愛知県生まれ。2005年名古屋大学大学院環境学研究科修了。芦原太郎建築事務所を経て、2014年近藤以久恵建築事務所設立。建築倉庫ミュージアム副館長（2018年-）、WHAT MUSEUM 建築倉庫ディレクター（2020年-）。2022年より京都芸術大学非常勤講師。

田村尚土（たむら・なおと）
1982年愛知県生まれ。構造エンジニア、デジタルエンジニア。名古屋大学大学院環境学研究科修了。金箱構造設計事務所を経て、2014年ディックス構造設計部設立、2019年ラムダデジタルエンジニアリング設立。名古屋市立大学、金城学院大学非常勤講師。

冨士本学（ふじもと・まなぶ）→ p.48
1994年東京都生まれ、愛知県出身。2024年東京大学大学院工学系研究科博士後期課程を単位取得満期退学後、東京大学生産技術研究所修士研究員（腰原幹雄研究室所属）。専門は建築構法、特に日本近代の建築技術史。

あとがき

本書は、多くのご関係者の皆さまのご協力のもと、制作されました。

各建築作品の建築家、構造設計者、設計事務所の皆さま、そして建物の所有者、模型をお貸出しくださった所有者や制作者の皆さま、教育機関の皆さま、写真をご提供いただいた写真家の方々をはじめ、実に多くの方々にお力添えを賜りました。この場をお借りして、心より御礼申し上げます。

なかでも構造設計者の皆さまには、本書のもととなる展覧会の開催当初より、温かくご協力いただきました。そのお人柄とご理解に支えられ、本書もまた形にすることができました。

2019年、弊館で初めて構造をテーマに展示を開催した際には、約50名の構造家の皆さまにご出展いただき、実務ご多忙の中にもかかわらず、快くインタビューや展示にご協力いただきました。その温かなご対応に、私たちは大いに励まされ、展示の実現へとつながりました。オープニングの折には、出展構造家の皆さま全員が一堂に会してくださったこと、とても嬉しく心に残っております。

2023年・2024年に開催した「感覚する構造」展に際しては、木造エリアの展示構成にあたり、腰原幹雄先生にはたびたびお打ち合わせの機会をいただき、貴重なご助言を賜りました。また、佐々木睦朗先生には、構造デザインに関心を抱く大きなきっかけをいただくとともに、毎回の展示のたびに愛知まで模型の輸送にご同行いただき、多大なお力添えを賜りました。陶器浩一先生、佐藤淳先生、鳴川肇先生、そして各先生方の研究室の学生の皆さんには、何日にもわたり展示制作に全力で取り組んでいただきました。

書籍制作にあたっては、執筆にご協力くださりました北茂紀さん、犬飼基史さん、田村尚士さん、冨士本学さん、展覧会のグラフィックに続き、建築倉庫のブランディングを踏まえて本書のデザインを手がけてくださったグラフィックデザイナーの榊原健祐さん、模型を一点一点本当に丁寧に撮影・調整してくださった写真家の稲口俊太さん、そして本書の実現に向けてご尽力いただいた誠文堂新光社の皆さまに、深く感謝申し上げます。

最後になりましたが、編集者の西まどかさんには、常に著者に寄り添ってともに歩んでいただき、西さんの支えがあってこそ本書は完成に至ることができました。

改めて、関わってくださった全ての皆さまに、心より感謝申し上げます。

2025年6月
近藤以久恵

本書は下記展覧会に関連する書籍である。

著者	WHAT MUSEUM 建築倉庫
企画	近藤以久恵（WHAT MUSEUM 建築倉庫） 榊原健祐（Iroha Design）
編集	西まどか 近藤以久恵（WHAT MUSEUM 建築倉庫） 近藤美智子（WHAT MUSEUM 建築倉庫）
編集協力	渡会拓哉（誠文堂新光社） 柴田光
装丁・デザイン	榊原健祐（Iroha Design） 榊原吏海（Iroha Design）
模型写真撮影	稲口俊太
リサーチ協力	犬飼としみ
イラスト制作補助	小倉智子（WHAT MUSEUM） 村上まゆき（WHAT MUSEUM 建築倉庫）

感覚する構造 − 法隆寺から宇宙まで −

会期：2024年4月26日(金)−8月25日(日)
会場：WHAT MUSEUM

主催：WHAT MUSEUM
企画：WHAT MUSEUM 建築倉庫

展示協力：東京大学 腰原幹雄

会場デザイン：吉野弘建築設計事務所
グラフィック：榊原健祐（Iroha Design）
照明：フカザワオフィス株式会社、アイティーエル株式会社

展覧会ディレクター：近藤以久恵（WHAT MUSEUM 建築倉庫）
制作・運営担当：
近藤美智子・富岡庸平（WHAT MUSEUM 建築倉庫）

[展示協力]
RFA、伊東豊雄建築設計事務所、AuthaGraph株式会社、
オーノJAPAN、大林組、
大西麻貴＋百田有希／o＋h、小川次郎＋小林靖＋池田聖太、
HOMME PLISSÉ ISSEY MIYAKE、
株式会社ゴールドウイン、株式会社シガウッド、
株式会社竹田木材工業所、株式会社日建設計、
川口衞構造設計事務所、
関西学院大学 建築学部 荒木美香研究室、木内隆行、
北九州市立大学 福田展淳研究室、北茂紀、木原明彦、
九州大学大学院芸術工学研究院 岩元真明研究室、
九州大学大学院芸術工学研究院 斉藤一哉研究室、
九州大学葉祥栄アーカイブ、kufu、KAP、
慶應義塾大学 環境情報学部 鳴川肇研究室、
Graph Studio、佐々木勝敏建築設計事務所、
佐藤淳構造設計事務所、SALHAUS、Schenk Hattori、
滋賀県立大学 陶器浩一研究室、
芝浦工業大学 建築学部 小柏典華研究室、
下田悠太、称名寺、白川村教育委員会、田村長治郎、
DN-Archi＋北九州市立大学 藤田慎之輔研究室、
寺戸巽海構造計画工房、東京スカイツリー®、
東京大学生産技術研究所 腰原幹雄研究室、
東京大学大学院 新領域創成科学研究科 佐藤淳研究室、
東京大学大学院 農学生命科学研究科 稲山正弘、
東畑建築事務所、内藤廣建築設計事務所、中田捷夫研究室、
新潟職業能力開発短期大学校、
ニューサウスウェールズ大学 構築環境学部、
原田真宏＋原田麻魚／MOUNT FUJI ARCHITECTS STUDIO、
平岩構造計画、本多哲弘、松本市立博物館、
満田衞資＋満田衞資構造計画研究所、
明星大学 建築学部 松尾智恵研究室、柳室純構造設計、
山田憲明構造設計事務所、八幡浜市教育委員会、VUILD、他

感覚する構造－力の流れをデザインする建築構造の世界－

会期：2023年9月30日(土)－2024年2月25日(日)
会場：WHAT MUSEUM 1階

主催：WHAT MUSEUM
企画：WHAT MUSEUM 建築倉庫

企画協力：犬飼基史、富岡庸平
展示協力：吉野弘建築設計事務所
キービジュアルデザイン：関川航平
会場グラフィック：榊原健祐 (Iroha Design)
映像：瀬尾憲司
模型制作協力：株式会社ラムダデジタルエンジニアリング、
株式会社日南、植野石膏模型製作所
部材製作協力：株式会社竹田木材工業所

展覧会ディレクター：近藤以久恵 (WHAT MUSEUM 建築倉庫)
制作・運営担当：近藤美智子 (WHAT MUSEUM 建築倉庫)、
スタッフ：野村仁衣那 (WHAT MUSEUM 建築倉庫)

[展示協力]
磯崎新アトリエ、伊東豊雄建築設計事務所、
鹿児島大学工学部 建築学科 朴・増留研究室、
株式会社日建設計、木内隆行、
北方町ホリモク生涯学習センターきらり、
九州大学大学院芸術工学研究院 斉藤一哉研究室、
佐々木睦朗構造計画研究所、妹島和世+西沢立衛／SANAA、
滋賀県立大学 陶器浩一研究室、白川村教育委員会、
太陽工業株式会社、多摩美術大学 環境デザイン学科研究室、
東海大学 工学部 建築学科、東京スカイツリー®、
東京大学生産技術研究所 腰原幹雄研究室、
東京大学総合研究博物館、
東京大学大学院 新領域創成科学研究科 佐藤淳研究室、
佐藤淳構造設計事務所、西沢立衛建築設計事務所、
明星大学 建築学部 松尾智恵研究室

構造展－構造家のデザインと思考－

会期：2019年7月20日(土)－2019年10月14日(月・祝)
会場：建築倉庫ミュージアム 展示室A

主催・企画：建築倉庫ミュージアム

特別協力：斎藤公男
企画協力：犬飼基史、犬飼としみ
会場設計：津賀洋輔
映像：瀬尾憲司
什器制作：甲斐貴大 (studio archē)
グラフィック：助川誠 (SKG)
協力：吹野晃平、川口貴仁、石田雄太郎

展覧会ディレクター：近藤以久恵
制作・運営担当：近藤美智子
制作・広報担当：古後友梨

[出展者]
内藤多仲、武藤清、坪井善勝、松井源吾、木村俊彦、川口衛、
幡繁、斎藤公男、渡辺邦夫、中田捷夫、新谷眞人、梅沢良三、
金田勝徳、佐々木睦朗、山辺 豊彦、今川憲英、飯嶋俊比古、
徐光、金箱温春、稲山正弘、桝田洋子、竹内徹、陶器浩一、
川口健一、柴田育秀、池田昌弘、山脇克彦、鈴木啓、多田脩二、
佐藤淳、金田充弘、小西泰孝、名和研二、萬田隆、満田衛資、
山田憲明、大野博史、坪井宏嗣、森部康司、渡邉竜一、
萩生田秀之、金田泰裕、株式会社日建設計、大成建設株式会社

歴史的木造建築から月面構造物まで、
未来をひらく構造デザインの世界
模型でわかる建築構造のしくみ

2025年7月19日　発　行　　　　　　　　　　　　　　　NDC450

著　　　者　　WHAT MUSEUM 建築倉庫
発　行　者　　小川雄一
発　行　所　　株式会社 誠文堂新光社
　　　　　　　〒113-0033 東京都文京区本郷3-3-11
　　　　　　　https://www.seibundo-shinkosha.net/
印刷・製本　　株式会社 大熊整美堂

© WHAT MUSEUM ARCHI-DEPOT. 2025　　　　　　　Printed in Japan

本書掲載記事の無断転用を禁じます。

落丁本・乱丁本の場合はお取り替えいたします。

本書の内容に関するお問い合わせは、小社ホームページのお問い合わせフォームを
ご利用ください。

本書に掲載された記事の著作権は著者に帰属します。これらを無断で使用し、展示・
販売・レンタル・講習会等を行うことを禁じます。

[JCOPY] <（一社）出版者著作権管理機構　委託出版物>
本書を無断で複製複写（コピー）することは、著作権法上での例外を除き、禁じられ
ています。本書をコピーされる場合は、そのつど事前に、（一社）出版者著作権
管理機構（電話 03-5244-5088 ／ FAX 03-5244-5089 ／e-mail：info@jcopy.or.jp）
の許諾を得てください。

ISBN978-4-416-52493-0